Peter Koch[1]

Methodische Grundlagen des kreativen, innovativen Problem-Bearbeitungs-Prozesses

ROHRBACHER MANUSKRIPTE. Heft 24

LIFIS – Leibniz-Institut für Interdisziplinäre Studien
`https://leibniz-institut.de`

---

[1]Unter partieller Mitarbeit von Klaus Stanke

Methodische Grundlagen des kreativen, innovativen Problem-Bearbeitungs-Prozesses

Peter Koch

LIFIS – Leibniz-Institut
für Interdisziplinäre Studien, Berlin 2023

Rohrbacher Manuskripte

herausgegeben von Hans-Gert Gräbe

Heft 24

Redaktion dieses Heftes: Hans-Gert Gräbe, Leipzig

Herstellung und Verlag: BoD – Books on Demand, Norderstedt

ISBN 9783757827656

Inhaltsverzeichnis

Vorwort

Der Begriff *Problem-Bearbeitungs-Prozess* soll die Ganzheitlichkeit dieses Prozesses als Bestandteil des kompletten Innovationsprozesses für das Entwickeln neuer, innovativer Lösungen erfassen. Es soll mit dem Begriff *Problem-Bearbeitungs-Prozess* gezeigt werden, hier geht es nicht nur allein um den *Problem-Lösungs-Prozess*, sondern auch mit gleicher Bedeutung um den sehr erfolgsentscheidenden Prozess für das Erkennen und Präzisieren des zu lösenden Problems bis hin zur Entwicklung einer neuerungsgerechten, kreativen und präzisierten Aufgabenstellung.

Viele Innovationstechniken berücksichtigen den schöpferisch-analytischen Teil des Problem-Bearbeitungs-Prozesses, vor allem bei der Problemerkennung und Präzisierung der Aufgabenstellung, nicht hinreichend. Der *ganzheitliche*, kreative, methodisch und systematisch unterstützte Problem-Bearbeitungs-Prozess hat jedoch eine sehr große Bedeutung für den Erfolg des Innovationsprozesses. Er fördert nicht nur die Innovations-Qualität (Neuheit, Attraktivität), sondern auch nachhaltig die Effizienz der Prozesse.

Mit diesem Beitrag wurden die Erkenntnisse, Ergebnisse und Erfahrungen zu den allgemeingültigen methodischen und systemwissenschaftlichen Grundlagen für eine kreative methodisch-systematische Denk- und Arbeitsweise für den innovativen Problem-Bearbeitungs-Prozess aus eigener Tätigkeit und den vielfältigen Arbeiten der Fachwelt mit *systemwissenschaftlicher Herangehensweise* aufbereitet. Zur Darstellung der Grundlagen und Erfahrungen wurde zum Teil eine große Breite und Detailliertheit zugelassen, um die Vielfalt, Komplexität, Zusammenhänge, Erfahrungen zu den Wesensmerkmalen des Problem-Bearbeitungs-Prozesses möglichst ganzheitlich zu erfassen.

Dieser auf Grundlagenergebnisse ausgerichtete Beitrag soll *nicht* als eine neue oder bessere Innovationsmethode verstanden werden, sondern soll als Fundus und Anregung für das Entwickeln einer ganzheitlichen, praktikablen, allgemein anerkannten Innovationsmethode und eines einheitlichen Begriffssystems dienen.

In der ferneren und näheren Vergangenheit wurde eine große Zahl verschiedener und zum Teil im Kern ähnlicher erfindungs-, kreativitäts- und innovationsfördernder Methoden mit unterschiedlichen Schwerpunkten, Begriffen und Darstellungsformen in den verschiedensten „Schulen" publiziert. Sie wurden für kreative Projektarbeit, Problemlösungs-Workshops, das Projektmanagement und zum Teil auch in der Lehre und Fortbildung angewendet, vor allem für die Produkt- und Verfahrensentwicklung.

Die eigenen Erkenntnisse und Erfahrungen zum Thema sind in rund 50-jähriger Arbeit entstanden. Prägend war, zusätzlich zur Haupttätigkeit als Produktentwickler, die Mitwirkung einerseits bei der Entwicklung und andererseits bei der Anwendung der Konstruktionswissenschaften [21, 22, 23, 24, 28] und der Systematischen Heuristik [33, 50] in den 1970er und 1980er Jahren. Dies war verbunden mit einer umfangreichen Anwendung in der Projektarbeit für die Wirtschaft und in der Aus- und Weiterbildung von Produktentwicklern.

Mit diesem Fundus wurden in den 1980er Jahren das Konzept für die Erfinderschulen der Kammer der Technik der DDR entwickelt und erprobt [12] und mit diesen Erfahrungen das Konzept für die Anwendung der kreativen, methodisch-systematischen Arbeitsweise für das Trainingszentrum für wissenschaftlich-technische Kreativität (Kreativitätstrainingsseminare etc) der Bauakademie der DDR und des Kombinats Carl-Zeiss Jena zu einem attraktiven, auch international genutzten und anerkannten Konzept, weiterentwickelt und für Teilnehmer aus der Wissenschaft und Technik etwa 10 Jahre in Intensivveranstaltungen an Praxisaufgaben angewendet [13, 14].

Die methodisch-systematischen Denk- und Arbeitsweise wurde ab 1990 über 20 Jahre für die Industrie-Projektarbeit und im Consultinggeschäft sehr erfolgreich angewendet. Die Arbeitsweise hat es unter anderem unterstützt, ein Verfahren zur Ermittlung der Technischen Bonität von Unternehmen und Projekten zu entwickeln. All das lässt erkennen, wie wirksam die methodisch-systematische Denk- und Arbeitsweise für die Kreativitätsförderung, vor allem bei Teamarbeit und für Innovationsprozesse, sein kann.

Aktuell wird jedoch deutlich, dass die eigenen Arbeiten zur methodisch-systematischen Denk- und Arbeitsweise und auch die vielfältigen, wertvollen bekannten Methodiken bzw. Kreativitätstechniken mehr oder weniger „Insellösungen" sind und dass sie in der notwendigen Breite zu selten in Wissenschaft und Technik angewendet werden. Sie werden zu wenig im notwendigen und möglichen Maß gefördert. Anhaltspunkte zur erhöhten Wirksamkeit von fördernden Bedingungen haben die Projekte der Systematischen Heuristik, der Kreativitätstrainingsseminare (ctc) und die Erfinderschulen in sehr eng befristeten Zeitabschnitten erbracht.

Ein Grund für die unzureichende Anwendung sind unter anderem die aktuell bestehende Vielfalt und Zersplitterung des Methodenangebotes mit ihrer vielfältigen Begrifflichkeit, ihrer Strukturierung und zum Teil unzureichenden Ganzheitlichkeit sowie die oft zu wenig geeignete Aufbereitung der Methoden für die Anwender und Auszubildenden.

Es erscheint zur Überwindung dieser Barriere eine Initiative geboten, mit der aus dem breiten Methodenfundus eine allgemein anerkannte, einheitliche „Basismethode" mit einem anerkannten Begriffssystem in interdisziplinärer Teamarbeit aufbereitet wird, in einer allgemeingültigen, gut lehr- und lernbaren sowie effektiven, praxisgerechten Form. Die im konkreten Fall oft notwendigen und effizienten spezifischen Besonderheiten vieler Methodiken sollen dabei nachvollziehbar bewahrt und transparent zugeordnet werden können.

Für diese Zielsetzung wäre anzustreben, den *produktiven Kern* aus der übergroßen Fülle und Vielfalt dieses Beitrages und den bekannten Darstellungen zu den Kreativitäts- und Innovationstechniken herauszuarbeiten, um daraus eine effiziente, praktikable, breit anwendbare kreative Innovationsmethode generieren zu können. Dazu gehört im Besonderen auch die Schaffung einer pädagogisch optimalen Aufbereitung für die potentiellen Nutzer. Für die Erfüllung einer solchen Zielsetzung ist sicherlich interdisziplinäre Teamarbeit mit Fachleuten der verschiedenen „Methodik-Schulen" notwendig, um eine breite Anerkennung und Tragfähigkeit für die Innovationspraxis, die Ausbildung und Fortbildung zu schaffen.

Für diese Initiative wäre es förderlich, wenn als Ausgangspunkt in einem *ersten Schritt* allgemein anerkannte methodische und systemwissenschaftliche Grundlagen des Problem-Erkennungs-, -Präzisierungs- und -Lösungsprozesses auf Basis einheitlicher Begriffe detailliert erarbeitet werden.

Davon ausgehend kann in einem *zweiten Schritt* eine allgemeingültige, ganzheitliche, vereinfachte, praktikable und allgemein anerkannte kreative Innovations-Methodik erarbeitet werden, in der die sehr umfangreichen Grundlagenerkenntnisse und Erfahrungen für eine kreative, methodisch-systematische Denk- und Arbeitsweise im Problem-Bearbeitungs-Prozess knapp, überschaubar und praxisgerecht verdichtet genutzt werden. Sie könnte so auch den Rahmen für modifizierte, aufgabenklassenspezifische Methodenangebote bieten. Dieser Schritt und Anspruch ist allerdings eine erhebliche Herausforderung und erfordert eine die kreativen „Schulen" übergreifende, interdisziplinäre Teamarbeit.

Die Ergebnisse und Erfahrungen zu den Grundlagen in diesem Heft resultieren aus der Auswertung der Literatur, den eigenen Arbeiten und nicht zuletzt aus der intensiven Zusammenarbeit mit Fachkollegen in den letzten 50 Jahren. Allen beteiligten Fachkollegen gilt an dieser Stelle verbindlicher Dank.

Hervorzuheben sind beispielhaft Fachkollegen der verschiedensten Fachgebiete: Prof. Johannes Müller (Philosophie, Methodologie, Konstruktionswissenschaften), Prof. Hermann Hagedorn (Konstruktionslehre, Maschinenbau), Prof. Friedrich Hansen und Mitarbeiter (Konstruktionswissenschaften und MAKON-Team), Prof. Volker Heyse (Verhaltens- und Denkpsychologie, soziale Kreativität) und das Team des Kreativitätstrainingszentrums der Bauakademie, Dr. Klaus Henning Busch (Maschinenbau, Pädagogik, Innovationsmethodik), Prof. Werner Heinrich (Feingerätetechnik, Konstruktionstechnik, Vorsitzender des KdT-Fachausschusses Konstruktion der DDR), Prof. Jochen Hennig (Verarbeitungsmaschinenbau, Konstruktionstechnik).

In die Ergebnisse dieses Heftes sind durch intensive Diskussionen mit Prof. Klaus Stanke (Betriebswirtschaft, Kreativitätstechniken) wertvolle Hinweise eingeflossen, die zur Weiterentwicklung beigetragen haben.

Herrn Prof. Hans-Gert Gräbe (LIFIS) gilt der Dank für die förderliche Textbearbeitung und die anspruchsvolle Bildgestaltung.

Mit dem vorliegenden Heft zu den allgemeinen Grundlagen des kreativen, innovativen Problem-Bearbeitungs-Prozesses soll die Diskussion mit den Fachkollegen angeregt werden. Dieser Beitrag kann darüber hinaus auch Anregung sein für Gestalter von Innovationsmethoden, Hochschullehrer, die die methodische Arbeitsweise in ihr Ausbildungskonzept integrieren, Moderatoren von Problem-Bearbeitungs-Prozessen und bedingt auch für methodisch motivierte Anwender, die sich für eine methodisch-systematische Arbeitsweise interessieren.

Dessau, im Juni 2023   Peter Koch

1. Einführung und Überblick über den Inhalt

1.1. Gegenstand und Zielsetzung des Beitrags

Mit dem Begriff „Problem-*Bearbeitungs*-Prozess" soll die Ganzheitlichkeit der Prozesse erfasst werden:

- sowohl der *Problemanalyse* zur Problemerkennung und -Präzisierung,

- als auch der *Problemlösung* mit der kreativen Ideenfindung, der Lösungsgenerierung und dem Erkennen und Ausarbeiten der günstigsten Lösung.

Die *Zielsetzung* dieses Beitrags besteht darin, durch eine ganzheitliche, allgemeingültige Aufbereitung und Darstellung der kreativen, methodischen Grundlagen des Problem-Bearbeitungs-Prozesses zur zukünftigen Weiterentwicklung der Erfindungs-, Konstruktions- und Innovations-Methodiken für die Innovationspraxis, Lehre und Fortbildung beizutragen.

In diesem Sinne sind die vorgestellten Ergebnisse *nicht* als eine weitere Innovations-Methodik ausgeprägt bzw. zu verstehen, sondern es stehen, ausgehend von dem umfangreichen Fundus, die Grundlagen und ihre Anwendung für den innovativen Problem-Bearbeitungs-Prozess, seine Merkmale, die ganzheitlichen Zusammenhänge sowie die methodischen Regeln und Erfahrungen im Mittelpunkt.

Die Grundlagen beziehen sich vor allem auf folgende Punkte:

- Den *Problem-Bearbeitungs-Prozess* mit seinen Grundlagen als kreativen Bestandteil des Innovationsprozesses allgemeingültig und ganzheitlich darzustellen.

- Die allgemeingültige methodische Grundstruktur des Problem-Bearbeitungs-Prozesses durch Prozess-Modelle zu den typischen Abläufen und seine methodischen Grundsätze und Merkmale, typischen Arbeitsschritte, die Regeln für eine methodisch-systematische Denk- und Arbeitsweise sowie die für die kreative Lösungsfindung wichtigen heuristischen Methoden, innovativen Prinzipien und Regeln darzustellen.

- Die Allgemeingültigkeit der Grundlagen für alle schöpferischen Systementwicklungsprozesse sichtbar zu machen und davon ausgehend an Hand der bedeutenden, komplexen Aufgabenklasse *Problem-Bearbeitungs-Prozess für die Entwicklung innovativer technischer Systeme* die Prozessabläufe, Gesetzmäßigkeiten und Arbeitsweisen konkreter, detaillierter und modifizierend in den Mittelpunkt zu stellen.

- Einen ausgewogenen Ansatz zwischen *Allgemeingültigkeit, Detailliertheit und Konkretisierung* für die Darstellung ableiten zu können.

- Mit den methodischen Grundlagen einen Impuls und Beitrag zur Weiterentwicklung einer ganzheitlichen, praxisgerechten Innovations-Methodik auch für komplexe Problemsituationen zu leisten.

1.2. Status zur Darstellung und Nutzung der bekannten Grundlagen

Die dargestellten Grundlagen des Problem-Bearbeitungs-Prozesses beruhen sowohl auf den Erkenntnissen der 1980er und 1990er Jahre als auch auf neueren Ergebnissen. Sie wurden in den letzten 40 Jahren nachhaltig bestätigt durch ihre vielfältige, erfolgreiche Anwendung in konkreten, innovativen F/E-Projekten in Unternehmen der Wirtschaft sowie in den Erfinderschulen [8, 11, 12, 42], den ctc-

Kreativitäts-Trainings-Seminaren [13, 14], den WOIS-Aktivitäten [30] und bei ihrer Anwendung in der Hochschul- und Fortbildung [28].

Ihre Anwendung war ebenso in nichttechnischen Projekten erfolgreich.

Durch ihre Anwendung für die Praxis und Lehre konnten die Grundlagen weiterentwickelt und verallgemeinert werden. In den letzten drei Jahrzehnten wurden die verschiedenen methodischen Konzepte für die Problemlösung zur Entwicklung von Neuerungen und Erfindungen für technische Sachverhalte weiterentwickelt als Erfindungs-, Konstruktions- oder Systementwicklungs-Methoden, [1, 29, 36, 47, 49, 51, 52, 56]. Das Literaturverzeichnis enthält nur eine kleine Auswahl der dazu verfügbaren Quellen.

Noch nicht schlüssig und hinreichend sind mit diesem Beitrag die aktuellen Ergebnisse zu TRIZ erfasst und integriert. Es ist sicherlich eine lohnende Aufgabe, den in diesem Beitrag dargestellten Stand und die methodischen Grundlagen der Konstruktionswissenschaft mit neueren TRIZ-Ergebnissen zu einer Innovationsmethodik mit einer neuen Qualität zusammenzuführen.

Die Anwendung der *bisherigen* Erkenntnisse und Erfahrungen in der Praxis und Lehre erfolgte, gemessen an der objektiven Notwendigkeit für die Förderung von Innovationen, für die Effizienzsteigerung in F/E-Prozessen und dem potenziellen Nutzen, nur punktuell und viel zu selten, obwohl die *bestehende methodische Substanz* ausreichend für alle Problemstellungen ist.

Neue Impulse für eine umfassendere und effektivere Anwendung der bekannten Erkenntnisse, Methodiken und Erfahrungen sind deshalb notwendig.

1.3. Wirkungen, die durch die Nutzung der Grundlagen erreichbar sind

Die gewonnenen Anwendungserfahrungen der Grundlagen in der Praxis zeigen:

- Die *allgemeingültigen Grundlagen* bieten in Form eines ganzheitlichen Prozess-Modells eine *einheitliche Basis* für die Entwicklung *aufgabenklassenspezifischer Methodiken* für die kreative Entwicklung innovativer technischer und nichttechnischer Systeme. Das gilt trotz der vielfältigen und spezifischen Problemstellungen, die in der Innovationspraxis auftreten.

- Ein *ganzheitliches Modell* des Problem-Bearbeitungs-Prozesses führt den Nutzer *gezielt, schrittweise und methodisch-systematisch zum unmittelbaren, schöpferischen Lösungsschritt hin* – durch das Erkennen des Problems, das Entwickeln einer neuerungsgerechten, präzisierten Aufgabenstellung und des Lösungsweges. Es unterstützt damit vor allem eine treffende Problemerkennung, das Arbeiten mit einer präzisierten Problem- und Aufgabenstellung, die methodisch-systematische und intuitive Lösungsfindung, das planvolle Vorgehen im Prozess und das Erkennen und Lösen neuer Teil-Probleme sowie deren kreative Synthese zur Gesamtlösung bis hin zur Verifikation der Problemlösung.

- Durch die *bewusste Nutzung geeigneter Prozess-Modelle und Wesensmerkmale* des Problem-Bearbeitungs-Prozesses kann *die Wirkung* der bekannten Erfindungs- und Konstruktions-Methodiken sowie der heuristischen Methoden und innovativen Prinzipien in der Praxis, Lehre und Fortbildung wesentlich erhöht werden.

- Die *Qualität der Ergebnisse und die Effizienz* des Problem-Bearbeitungs-Prozesses sowie die Wirkung der bekannten Erfindungs-

und Konstruktionsmethoden, der heuristischen Methoden und der methodisch-systematischen Denk- und Arbeitsweise kann durch die *Beherrschung* und bewusste Nutzung der Grundlagen in der Praxis und Lehre wesentlich gesteigert werden.

- Durch eine *unzureichende Nutzung der methodischen Grundlagen* werden große Potenziale für das Generieren attraktiver innovativer Problemlösungen verschenkt. Das gilt besonders für komplexe Problemstellungen, die in interdisziplinärer Teamarbeit gelöst werden sollten.

1.4. Ausblick auf den Inhalt des Heftes

Der Inhalt des Heftes besteht aus zwei Teilen mit folgenden Schwerpunkten

Teil I: Grundlagen des innovativen Problem-Bearbeitungs-Prozesses

Definition des innovativen Problem-Bearbeitungs-Prozesses:

Für die Definition des Problem-Bearbeitungs-Prozesses werden in den Kapiteln 2 und 3 diskutiert:

- Die Bedeutung und Struktur des Problem-Bearbeitungs-Prozesses sowie seine Einordnung in den Innovationsprozess,

- die Prozessart, sein Wesen, die Komponenten, das methodische Wirksystem und die relevanten Übergänge im Problem-Bearbeitungs-Prozess,

- Einflussfaktoren auf die Prozessabläufe, Bestandteile der Grundlagen des Problem-Bearbeitungs-Prozesses und

- die möglichen Effekte, die durch die bewusste Anwendung der methodischen Grundlagen erreichbar sind.

Ansatz für die Modellbildung:

Für einen ausgewogenen Ansatz zwischen *Allgemeingültigkeit, Detailliertheit und Konkretisierung* werden in Kapitel 4 drei ausgewählte Modell-Typen vorgestellt.

Modell-Typ 1 ist allgemeingültig für den Problem-Bearbeitungs-Prozess und abstrakt dargestellt. Er stellt die Einordnung in den Innovationsprozess, drei Prozess-Stufen des Problem-Bearbeitungs-Prozesses mit typischen Arbeitsschritten (Bild 1) sowie drei methodisch relevante Übergänge im Problem-Bearbeitungs-Prozess dar (Bild 3).

Modell-Typ 2 ist allgemeingültig und detailliert (Bilder 15, 23 und 24) und wird durch Zwischenergebnisse konkretisiert. Dieser Modell-Typ 2 gilt für den Problem-Lösungs-Prozess mit extrahierten bzw. gut begrenzten Problemstellungen und Widersprüchen. Mit ihm kann auch zusammen mit den Prozess-Stufen 1 und 2 des Modell-Typs 3 (Abschnitte 5.1 und 5.2) der ganzheitliche Problem-Bearbeitungs-Prozess allgemeingültig, detailliert und konkret abgebildet werden. Er hat den Charakter eines *invarianten „Problem-Lösungs-Moduls"*, der im Kapitel 7 genauer beschrieben wird.

Dieser invariante Problemlösungsmodul ist vielfältig und universell nutzbar in den Prozess-Phasen und Entwicklungs-Stufen des Problem-Lösungs-Prozesses (Bilder 4 und 14), für erkannte „Sekundärprobleme" in tieferen Ebenen des Problem-Lösungs-Prozesses und für notwendige Problemlösungen in den Prozess-Stufen 4 bis 7 des Innovationsprozesses (Bild 1).

Modell-Typ 3 ist allgemeingültig, detailliert und relativ konkret für den ganzheitlichen Problem-Bearbeitungs-Prozess. Seine lineare, serielle Darstellung abstrahiert allerdings von der Komplexität, Kompliziertheit, der Art des Gegenstandes (z.B. den verschiedenen F/E-Bereichen), vom Informationsstand an seinem Ausgangspunkt, den möglichen Modifikationen (z.B. Vorgriffe, Schleifen, Auslassungen, Parallelität, Wiederholungen der Ablaufes) usw. Er ist demnach nur „Leitlinie". Die Gestaltung des konkreten Prozesses erfordert die Beachtung der im Kapitel 6 dargestellten Wesensmerkmale. Seine Darstellung gilt begrifflich für die Entwicklung von innovativen technischen Problem-Lösungen. Er hat Bedeutung vor allem für komplexe Problemstellungen (Bilder 4, 14 und 20). Durch Spezifikation kann er auf Grund der Analogie auch für andere Aufgabenklassen genutzt werden.

Teil II: Grundlagen zu den Prozessabläufen und zur methodisch-systematischen Denk-und Arbeitsweise im Problem-Bearbeitungs-Prozess

Ein **erster Schwerpunkt von Teil II** ist auf das Prozess-Modell vom Typ 3 gerichtet.

Dieses Prozess-Modell wird in den Abschnitten 5.1 bis 5.3 durch Prozess-Stufen, Phasen, Entwicklungsstufen, Arbeitsschritte und typische Zwischenergebnisse strukturiert und durch die Darstellung der Inhalte und methodischen Regeln für eine methodisch-systematische Denk- und Arbeitsweise sowie durch Hinweise zur Nutzung von innovativen Prinzipien, Katalogen und heuristischen Methoden untersetzt.

Die Prozessabläufe für die Prozess-Stufen 1 und 2 sind für alle Aufgabenklassen und Systementwicklungen allgemeingültig.

Auf folgende Schwerpunkte wird eingegangen:

- *Prozess-Stufe 1 – Problemermittlung und Aufgabenfindung* in Abschnitt 5.1: Gegenstand sind die Problemerkennung, die Ermittlung des Soll- und Ist-Zustandes, das Herausarbeiten und die Analyse der Widersprüche und Hindernisse, das Erarbeiten des Problemkerns, das Abheben von eventuell erkannten ersten Lösungsorientierungen und das Ableiten der innovativen Aufgabenstellung.

- *Prozess-Stufe 2 – Problemaufbereitung und Aufgabenpräzisierung* in Abschnitt 5.2: Die Schwerpunkte dieser Stufe sind das Prüfen der gegebenen Aufgabenstellung auf Zweckmäßigkeit, die Präzisierung der Zielsetzung und des Anforderungsprofils, die Ist-Stand-Analyse, das Erkennen, Analysieren und Präzisieren der Defekte, Widersprüche, die Ableitung von Teilaufgabenstellungen sowie die Entwicklung des Lösungsweges und das Abheben der schon gewonnenen Informationen zur Suchfrage für den Lösungsprozess durch geeignete Abstraktion.

- *Prozess-Stufe 3 – Problem-Lösungs-Prozess* in Abschnitt 5.3: Er gilt unmittelbar durch die gewählten Begriffe für die Entwicklung technischer Systeme. Die methodischen Grundsätze sind jedoch auch auf andere Aufgaben-Klassen zur Systementwicklung übertragbar.

Behandelt werden in Abschnitt 5.3 die Abläufe und methodischen Regeln

- der *Orientierungs-, Konzentrations- und Abstraktions-Phase*, in der die Suchfrage als Ausgangspunkt der Lösungsfindung abschließend erarbeitet wird,

- der *Prinzip-Findungs- und Bewertungs-Phase*, in der durch kreatives, methodisch-systematisches Arbeiten und Intuition die innovativen Lösungs-Prinzipien generiert werden und die priorisierte Idee bzw. das Lösungskonzept durch Bewertung identifiziert wird,

- der *Gestaltungs-, Quantifizierungs- und Detaillierungs-Phase*, in der die vollständig detaillierte, quantifizierte, alle Anforderungen erfüllende Problemlösung erarbeitet und dokumentiert wird,

- und der *Verifikations- und Optimierungs-Phase*, mit der die nachhaltige Eignung der Problemlösung unter praxisgerechten Bedingungen optimiert und nachgewiesen wird.

In allen Phasen werden oft neue Probleme als Sekundärprobleme erkannt. Der für deren Lösung erforderliche Prozess erfolgt ebenso nach den methodischen Grundsätzen des Problem-Bearbeitungs-Prozesses.

Die mit Modell-Typ 3 vorwiegend „linear" dargestellte Prozessstruktur bildet den fallspezifischen Prozess-Ablauf für konkrete Problemsituationen nur bedingt ab. Das Vorgehen in konkreten Prozessabläufen ist geprägt durch Vorgriffe, Auslassungen, Sprünge, Schleifen, Rückkopplungen, quasi paralleles Arbeiten und das Arbeiten in verschiedenen Hierarchieebenen nach dem Zerlegungs-, Konkretisierungs- und Kompositions-Prinzip. Teilschritte können situationsabhängig ausgelassen werden. Hierzu ist eine gründliche Auseinandersetzung mit den Merkmalen des Problem-Lösungs-Prozesses (Kapitel 6) hilfreich.

Der **zweite Schwerpunkt von Teil II** behandelt den Einfluss der methodischen-systemwissenschaftlichen Grundsätze und Merkmale auf den Problem-Lösungs-Prozess.

Die Merkmale sind sehr wichtig für die Strategiebildung und das konkrete Vorgehen. Ihre Wirkungen auf die Prozessabläufe und die

Denk- und Arbeitsweise werden in den Abschnitten 5.3.1 sowie 6.1 bis 6.6 dargestellt. Sie erfassen die relevanten methodischen Gesetzmäßigkeiten des Problem-Lösungs-Prozesses und sind geeignet für die Modifikation, Spezifikation und Detaillierung des Prozess-Modells in Abhängigkeit von der realen Problemstellung.

Für die Praxis wirksame Merkmale sind:

- Ausgangssituation und Aufgaben- oder Problemart.

- Arten und Fälle für die kreative Lösungsfindung:

  - Lösungsfindung für grundlegend neue, anspruchsvolle, „elementare" Problemstellungen mit Konzentration auf den Widerspruch.
  - Lösungsfindung für komplexe innovative Problemstellungen durch Nutzung von bekannten oder analogen Systemen, z.B. durch Variation, Kombination, Analogien.
  - Lösungsfindung für grundlegende innovative *komplexe* Probleme, für deren Entwicklung nicht auf Bekanntes oder Analoges zurückgegriffen werden kann, z.B. Grundsatzverfahren.

- Dekomposition – Konkretisierung – Komposition bzw. das Zerlegen des Systems – die Lösungsfindung für Elemente und die Synthese zum neuartigen Gesamtsystem.

- Variantenbildung und Varianteneinschränkung.

- Hierarchische Struktur des Problem-Lösungs-Prozesses, die durch die Komplexität des Problems, die allgemeingültigen Systemmerkmale und durch die methodischen Gesetzmäßigkeiten bestimmt wird.

- Heuristische Methoden, innovative Prinzipien sowie Effekt- und Wirkpaar-Kataloge.

Der **dritte Schwerpunkt von Teil II** bezieht sich auf den Modell-Typ 2 für den Problem-Lösungs-Prozess:

Mit dem Modell-Typ 2 wird der Problem-Lösungs-Prozess allgemeingültig durch *acht invariante Arbeitsschritte* strukturiert und zur Konkretisierung durch typische Zwischenergebnisse ergänzt (Bilder 15, 23 und 24). Es werden drei Abschnitte unterschieden – die *Vorbereitung*, die *Durchführung* und die *Nachbereitung* der Problem-Lösungs-Findung. Kreativer Schwerpunkt ist der unmittelbare Lösungs-Schritt mit dem Erarbeiten

- der innovativen Suchfrage,

- dem Generieren von innovativen Lösungs-Varianten, z.B. Ideen, Konzepte und

- dem vorausschauenden, antizipierenden, kreativen Erkennen und Abschätzen, welche Lösung dem idealen Endergebnis nahe kommt oder es erreicht und die besten Erfolgschancen haben könnte.

Die invarianten Arbeitsschritte werden durch *typische Merkmale für Zwischenergebnisse* untersetzt und durch wirksame *methodische Hinweise* zur Arbeitsweise ergänzt.

Dieser Modell-Typ 2 kann als „invarianter Lösungsmodul" aufgefasst werden. Er ist für die Lösungsfindung für technische und nichttechnische Systeme in allen Prozess-Phasen des Problem-Lösungs-Prozesses nutzbar und darüber hinaus in allen folgenden Problem-Lösungs-Situationen des Innovationsprozesses anwendbar. Er unterstützt sowohl die kreative methodisch-systematische und intuitive Lösungsfindung als auch die Strategiebildung und Planung für den Lösungsprozess und ist eine Orientierungshilfe für die Teamarbeit.

Die *Quelle und Chance* für das Finden und Generieren origineller, neuer, noch nie dagewesener Problem-Lösungen zur Entwicklung innovativer Systemlösungen findet sich in der flexiblen Gestaltung eines kreativen, methodisch bewussten Arbeits- und Denkprozess mit folgenden typischen Arbeitsschritten:

- Erkennen und Definieren des Problems und der Widersprüche sowie Lösungsbarrieren durch Problem-Analyse und Defektanalyse,

- Ableiten, Klären, Präzisieren der innovativen Aufgabenstellung,

- Zerlegen (Dekomposition) der Gesamtheit in lösbare Teilsysteme und Teil-Aufgabenstellungen,

- kreatives Generieren innovativer Lösungen (qualitativ, abstrakt) für Teilsysteme,

- Erkennen, Antizipieren und Auswählen der attraktiven und geeigneten Lösungen (Neuheitsgrad, Nutzen, Machbarkeit),

- Zusammenführen und Synthese (Komposition) der Teillösungen zur Gesamtlösung (Gesamtsystem),

- Gestalten, Quantifizieren, Verifizieren, Dokumentieren der Gesamtlösung.

Die aufbereiteten Grundlagen des Problem-Bearbeitungs-Prozesses sollen nicht als „Rezept" oder als Anleitung zum formalen Abarbeiten aufgefasst werden. Sie können jedoch mit ihrer Ganzheitlichkeit, Allgemeingültigkeit mit den definierten Grenzen, der Detailliertheit und der erreichten Konkretisierung bei schöpferischer, flexibler Anwendung

- als Beitrag zur Weiterentwicklung einer praxisgerechten Innovations-Methodik im Rahmen einer breiteren Fachdiskussion dienen,

- für ein praxisorientiertes Kreativitäts-Training in Problem-Bearbeitungs-Gruppen mit konkreten Problemstellungen durch das Nutzen der Kernaussagen wirksam genutzt werden,

- dem fortgeschritten Moderator und zum Teil auch Bearbeiter für die Weiterentwicklung seiner methodisch-systematischen Arbeits- und Denkweise Anregungen vermitteln.

Teil I: Grundlagen des innovativen Problem-Bearbeitungs-Prozesses

2. Bedeutung, Struktur und Einordnung des Problem-Bearbeitungs-Prozesses

2.1. Bedeutung

Im Problem-Bearbeitungs-Prozess erfolgt sowohl das Erkennen und Präzisieren des Problems als auch das Generieren, Entwickeln und Verifizieren innovativer Problemlösungen (Erfindung oder Neuerung), die im Innovationsprozess realisiert und in den Nutzungsprozess eingeführt werden sollen.

Viele Kreativitätstechniken beachten diesen schöpferisch-analytischen Teil des Problem-Bearbeitungs-Prozesses nicht hinreichend, obwohl allgemein bekannt ist, dass durch klar präzisierte Problem- und Aufgabenstellungen bessere Erfolgsaussichten für attraktive Lösungen bestehen und unnötige Umwege, ungünstige Lösungsorientierungen sowie Themenabbrüche eingeschränkt oder vermieden werden können.

Der Problem-Bearbeitungs-Prozess ist damit von größter Bedeutung für den Erfolg der Innovationprozesse. Er bestimmt sowohl die Innovationsqualität (Neuheitsgrad, Attraktivität) der Problemlösung als auch die Effizienz des gesamten Innovationsprozesses maßgeblich. Der Problem-Bearbeitungs-Prozess bindet z.B. für technische Problemstellungen ca. 10% des Gesamtaufwandes, und in ihm werden über 70% der Kosten für die Realisierung (z.B. Herstellung, Wartung, Recycling) entscheidend beeinflusst. Vor allem werden das Nutzen durch den Menschen und der Nutzen sowie die Wirtschaftlichkeit der angestrebten Systemlösung durch ihre „gedankliche Vorwegnahme", das vorausschauende Denken im Problem-Bearbeitungs-Prozess maßgeblich vorausbestimmt.

In ihm können die brennenden Problemstellungen und unverzichtbaren Ideen und Problemlösungen für einen erfolgreichen Innovationsprozess durch kreatives, methodisches, systematisches und sachkompetentes Denken und Handeln wirkungsvoll erarbeitet werden. Der Problem-Bearbeitungs-Prozess ist Anstoß, Quelle, Weg und Chance für die Entwicklung innovativer Neuerungen und Erfindungen. Natürlich ist das nicht neu und allseits bekannt. Trotzdem wird, abgesehen von positiven Sonderfällen, an der Steigerung seiner Innovationswirksamkeit und Effizienz mit kreativitätsfördernden Arbeitsweisen nicht genügend für das Mögliche und Notwendige getan.

2.2. Struktur

Der Problem-Bearbeitungs-Prozess steht am Anfang des Innovationsprozesses (Bild 1). Er ist durch drei Prozess-Stufen geprägt,

- den *Problem-Ermittlungs- und Aufgaben-Findungs-Prozess*, (Prozess-Stufe 1)

- den *Problem- und Aufgaben-Aufbereitungs-Prozess*, (Prozess-Stufe 2)

- den *Problem-Lösungs-Prozess*, (Prozess-Stufe 3).

Der Problem-Bearbeitungs-Prozess wird in seiner Gesamtheit oft umgangssprachlich und zum Teil auch in der Literatur synonym übergreifend als *Problem-Lösungs-Prozess* bezeichnet. Diese Bezeichnung betont das Ziel und den letztendlichen Schwerpunkt des Problem-Bearbeitungs-Prozesses, das Lösen des Problems.

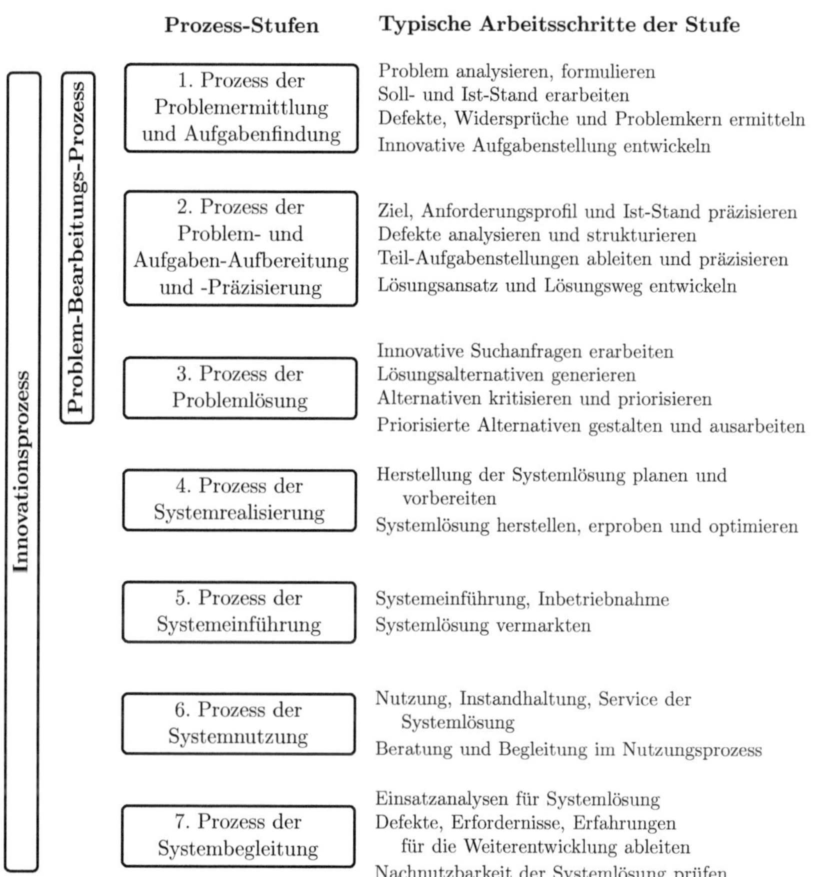

Bild 1: Prozess-Stufen und typische Arbeitsschritte des Innovations- und Problem-Bearbeitungs-Prozesses

Diese Bezeichnung schließt in der Regel die Problemerkennung sowie die Aufgabenfindung und -präzisierung nicht grundsätzlich aus. Sie räumt ihr jedoch nicht die große Bedeutung ein, welche die Prozess-Stufen 1 und 2 für den Innovationsprozess haben.

Oft zeigt sich, dass das Erkennen, Formulieren und Zerlegen des Problems und das neuerungsgerechte Aufbereiten der erfinderischen Aufgabenstellung die „halbe Lösung" sein können. Sie schaffen den Rahmen, die Orientierung und „Initialzündung" für die problemlösende Innovation. Diese Prozess-Stufen 1 und 2 erhalten in diesem Beitrag das notwendige Gewicht.

2.3. Einordnung in den Innovationsprozess

Der ganzheitliche *Innovationsprozess* umfasst gemäß Bild 1 neben den Prozess-Stufen 1 bis 3 des Problem-Bearbeitungs-Prozesses weiter die Prozess-Stufen 4 bis 7. Der Innovationsprozess mit seiner innovativen Problemlösung ist erst dann erfolgreich abgeschlossen, wenn die Markteinführung und Nutzung der Problemlösung aus Prozess-Stufe 3 erfolgreich sind, d.h. wenn die Problemlösung marktgerecht verifiziert ist, insbesondere wenn der „Markt hurra schreit".

Nach dem Problem-Bearbeitungs-Prozess folgen die Prozess-Stufen

- *Systemrealisierung (4)*, in der die detailliert gestaltete Lösung herstellungstechnisch vorbereitet wird, die Realisierung erfolgt und wichtige Tests zur Funktionserfüllung und wirtschaftlichen Herstellbarkeit oder Machbarkeit fortgeführt werden,

- *Systemeinführung (5)*, in der die System- und Markteinführung sowie die erfolgreiche Erprobung sowie Inbetriebnahme beim Kunden, verbunden mit Optimierungsschritten, vollzogen werden,

- *Systemnutzung (6)*, in der die Nutzung der Innovation erfolgt und der Service und die Instandhaltung gesichert werden müssen,

- *Systembegleitung (7)*, die *quasi parallel* zur Prozess-Stufe 6 verläuft und in der durch kritische Einsatzanalysen Erkenntnisse zu Problemen, Schwachstellen, Stärken, Chancen sowie Anstöße zur Weiterentwicklung der innovativen Systemlösung abgehoben werden können und sollen.

Außerdem sollte spätestens in dieser Phase der fachliche und methodische Erkenntnisgewinn abgehoben und nachnutzbar aufbereitet werden sowie die Nachnutzbarkeit der Lösung verfolgt werden.

Bedeutenden Einfluss auf die Entwicklung und Umsetzung des Anforderungsprofils in den Prozess-Stufen 1 bis 7 hat die *System-Endverwertung bzw. -Entsorgung*, die nach dem Ende der Nutzung effektiv, umweltgerecht und nachhaltig erfolgen soll. Die dafür notwendigen Eigenschaften des Systems sollen schon im Problem-Bearbeitungs-Prozess geprägt werden.

3. Merkmale des Problem-Bearbeitungs-Prozesses

3.1. Prozessarten des Problem-Bearbeitungs-Prozesses

Der Problem-Bearbeitungs-Prozess ist ein komplexer, vielschichtiger und kreativer Informationsverarbeitungsprozess, in den auch nicht informationelle Arbeitsschritte eingelagert sein können.

Im Problem-Bearbeitungs-Prozess erfolgt die Transformation vom objektiven Problemsachverhalt, dem Anfangszustand, bis zur verifizierten Problemlösung, dem Endzustand, wie im Bild 2 dargestellt.

3.2. Gegenstand und Wesen des Problem-Bearbeitungs-Prozesses

Der Gegenstand des Problem-Bearbeitungs-Prozesses ist das zu lösende Problem bzw. das zu entwickelnde System. Das Problem stellt für das Erreichen des Endzustandes, des Ziels des Problem-Bearbeitungs-Prozess, eine „Barriere" dar.

Typisch ist, dass für das Erkennen und Lösen des Problems die gegebenen und verfügbaren Informationen, die Methoden und Mittel sowie die Erfahrungen in der *konkreten* Problemsituation nicht ausreichen, um damit die gesuchte neuerungsorientierte oder erfinderische Problemlösung zu entwickeln. In diesem Fall muss die Problemlösung bei unvollständiger Information und einem neu zu entwickelnden Lösungsweg schöpferisch erarbeitet werden.

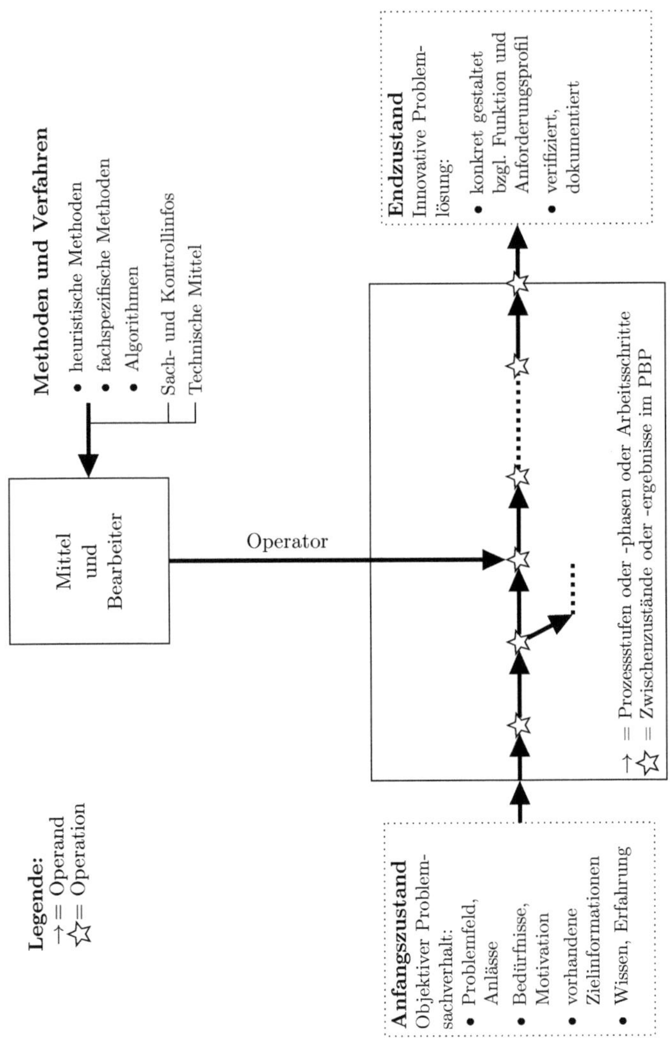

Bild 2: Transformations- und Informationsverarbeitungsprozess im Problem-Bearbeitungs-Prozess

In diesem Sinne ist der Problem-Bearbeitungs-Prozess sowohl ein komplexer Informations-Verarbeitungsprozess als auch ein problembezogener, aktiver Lernprozess, in dem Informationen verschiedenster Art (Sach-, Ziel-, Programm- und Kontrollinformationen) gesucht, identifiziert, generiert, gewonnen, analysiert, abstrahiert, konkretisiert, synthetisiert und bewertet werden.

Für den *Problem-Lösungs-Prozess* sind zwei charakteristische Wege zu unterscheiden:

- Der *Weg 1*, bei dem von einem abstrakten Ausgangspunkt (z.B. einer prägnanten Suchfrage) durch *Konkretisieren vom Abstrakten zum Konkreten* schrittweise zum Ziel vorgegangen wird.

- Der *Weg 2*, bei dem von konkret vorliegenden bekannten oder analogen Lösungen durch *schrittweises Abstrahieren, Modifizieren oder Variieren* ein geeigneter Ausgangspunkt gefunden wird, von dem aus durch Suchen und Identifizieren sowie Konkretisieren die Lösung erarbeitet werden kann.

3.3. Komponenten des Problem-Bearbeitungs-Prozesses

Die typischen Komponenten des Problem-Bearbeitungs-Prozesses sind in Bild 2 abstrahiert dargestellt. Ihre Ausprägung ist maßgeblich für den Ablauf und die Ergebnisse des Problem-Bearbeitungs-Prozesses.

Bedeutung haben vor allem:

- Der *Endzustand*, die Ausgangsgröße: Er stellt die innovative, konkret gestaltete und bzgl. der Funktionserfüllung, Machbarkeit und Akzeptanz verifizierte Problemlösung dar.

Der Endzustand soll der „idealen" Lösung möglichst nahe kommen. Ergebnisse können technische, wissenschaftliche, wirtschaftlich-organisatorische und nichttechnische Neuerungen oder Erfindungen sein, die einzigartig, originell, noch nie dagewesen, machbar, wirtschaftlich attraktive sind. Ergebnisse können z.B. sein: technische Problemlösungen, Erkenntnisse für Wissenschaft und Technik, gedankliche Verfahren, Konzepte, Strategien, Organisationslösungen und nicht zuletzt Lösungen für den Humanbereich.

- Der *Anfangszustand*, die Eingangsgröße: Er ist der Beginn bzw. Startpunkt des Problem-Bearbeitungs-Prozesses, der je nach den Gegebenheiten unterschiedlich sein kann.

Typisch für den Ausgangspunkt des ganzheitlichen Problem-Bearbeitungs-Prozesses sind der objektive Problemsachverhalt, das Bedürfnisspektrum, die verfügbaren Informationen zum Problemfeld und die erkennbaren Zielinformationen (Zweck, Erwartungen, Erfordernisse, Zielwerte, Chancen, Wünsche) sowie das Bekannte zu möglichen Lösungsansätze.

- Das *Transformationsverfahren*: Es ist das gedankliche Verfahren, mit dem der Übergang vom Anfangszustand zum Endzustand vollzogen wird.

Es kann durch ein Modell des Prozessablaufs, z.B. dargestellt durch Prozess-Stufen, Arbeitsschritte, Methoden, sichtbar gemacht werden und kann z.B. durch eine kreative, methodisch-systematische Denk- und Arbeitsweise geprägt sein.

Der Transformationsprozess wird gemäß Bild 2 durch folgende Merkmale allgemeingültig geprägt und charakterisiert:

- die *gedanklichen Tätigkeiten*, die Operationen des Prozesses, welche den Übergang vom Input zum Output bewirken,

- die *Zwischenergebnisse*, die Operanden des Prozesses, welche die Zustandsänderungsfolge objektbezogen durch Sachinformationen vom Anfangszustand bis zum Endzustand der zu entwickelnden Lösung verkörpern und damit das ergebnisorientierte Arbeiten unterstützen.

- die *Mittel*, mit denen im Problem-Bearbeitungs-Prozess durch die Bearbeiter auf den Gegenstand (die Operanden) eingewirkt wird.

- die *Umstände*, Bedingungen, Nebenwirkungen und Anforderungen des Problem-Bearbeitungs-Prozesses,

- der *„Zustand"*, in dem die Bearbeiter den Problem-Bearbeitungs-Prozess beginnen, z.B. Qualifikation, Kompetenz, Arbeitsweise, Kreativität, schöpferische Orientiertheit, Motivation, Erfahrung, Lernfähigkeit, Lernbereitschaft.

- der *Auftrag*, der verschieden geartet sein kann. Z.B. kann der Auftrag als komplexe Aufgabenstellung an ein F/E-Team gegeben werden oder es kann sich um eine individuelle Einzelbearbeitung mit dem Ziel einer Erfindung handeln.

3.4. Relevante Systemmerkmale für den Gegenstand des Problem-Bearbeitungs-Prozesses

Gegenstand ist das zu entwickelnde System. Die Systemmerkmale sind im System-Entwicklungs-Prozess konkret zu gestalten. Für die Entwicklung von realen und antizipierten technischen und nichttechnischen Systemen im Problem-Bearbeitungs-Prozess sind folgende allgemeine Systemmerkmale zu gestalten und zu berücksichtigen. Diese Merkmale sind wirksame systemwissenschaftliche Arbeitsmittel für die Entwicklung von Systemen [17, 24, 25, 33] und ein Teil der methodisch-systematischen Denk- und Arbeitsweise.

- *Systemumgebung:* Die Gesamtheit der Systeme, die auf das betrachtete System einwirken und auf die durch das System gewirkt wird. Die Beziehungen zwischen System und Umgebung sind gerichtet und bilden Ansatzpunkte zur Definition der Schnittstellen.

- *Verhalten:* Das Verhalten eines Systems ist die Gesamtheit aller charakteristischen Wirkungen, die ein System bei gegebenem Zustand und unter bestimmten Einwirkungen aufweist.

- *Zustand:* Der Systemzustand ist die Menge von Eigenschaften, die zu einem gegebenen Zeitpunkt das Verhalten des Systems im Wesentlichen bestimmen. Sie ergeben sich aus der Gesamtheit der vorangegangenen Ereignisse im und um das System.

- *Funktion:* Die Systemfunktion ist die Eigenschaft eines Systems, bestimmte Eingangsgrößen (Input) in bestimmte Ausgangsgrößen (Output) bei gegebenem Zustand, geeigneten Umständen und eventuell entstehenden Nebenwirkungen zu überführen. Zu unterscheiden sind die Hauptfunktion, z.B. als Überführungsfunktion, und die Nebenfunktionen, in der Technik z.B. als Zusatz- oder Entstörungsfunktionen.

- *Funktionswertfluss:* Die inhaltliche und zeitliche Verknüpfung der einzelnen Teilfunktionen und Operationen der Gesamtfunktion, die für die Überführung der Eingangsgrößen in die Ausgangsgrößen des Systems geeignet und notwendig sind.

- *Prozess und Wirksystem*: Der Systemprozess mit seinem Wirksystem ist bestimmt durch die *Operationen (Op)* des Prozesses mit ihren Verknüpfungen, die *Operanden* (O_d), das sind die Zustände des Prozessgegenstandes (Zustandsfolge), die *Operatoren* (O_i), das sind die Einwirkungen, welche die Zustandsänderungen z.B. des Operanden Z_i nach Z_{i+1} bewirken, und die *Mittel* (M), welche die Operatoren erzeugen.

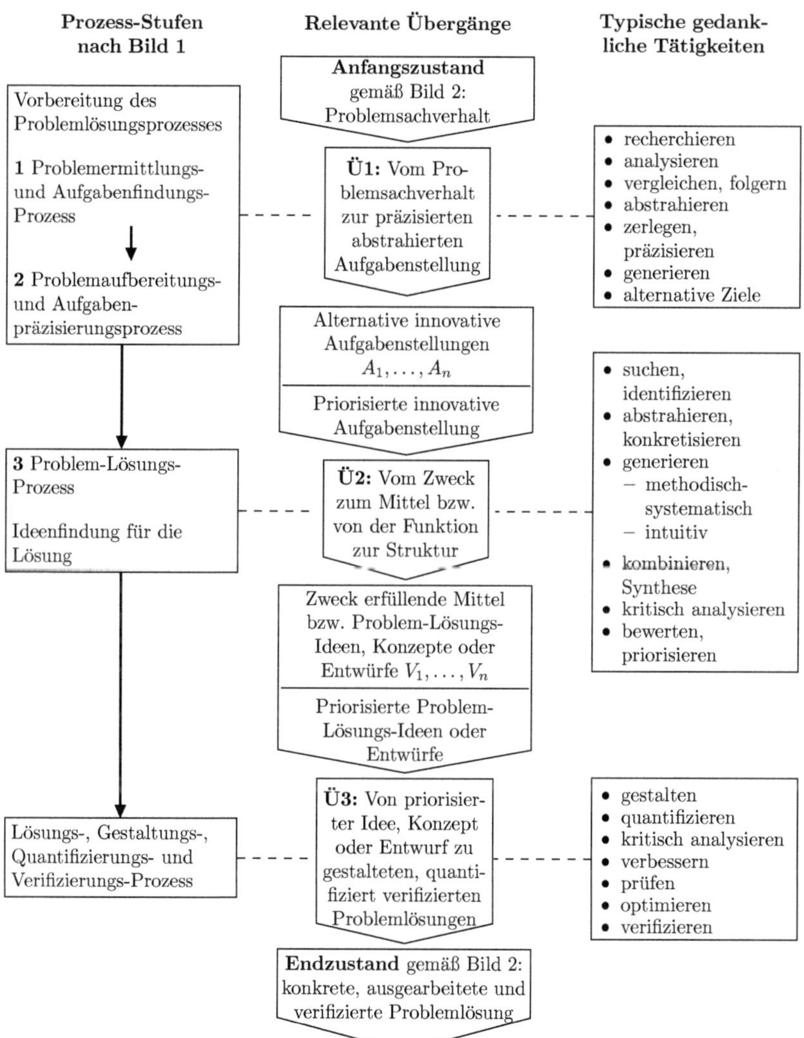

Bild 3: Methodisch relevante Übergänge und typische gedankliche Tätigkeiten im innovativen Problem-Bearbeitungs-Prozess

Das Prozesswirksystem ist in Bild 16 am Beispiel technischer Systeme und in Bild 2 für den Problem-Bearbeitungs-Prozess grafisch dargestellt.

- *Struktur:* Die Systemstruktur (Systemarchitektur) ist die Gesamtheit der Strukturkomponenten und Wirksysteme (in der Technik z.B. Elemente, Wirkköper, Wirkflächen) samt ihren Verknüpfungen und Anordnungen, mit welchen sie die Funktion erfüllen können.

3.5. Das Wirksystem der gedanklichen Tätigkeit im Problem-Bearbeitungs-Prozess

Das Wirksystem des Problem-Bearbeitungs-Prozesses lässt sich bei *systemwissenschaftlicher Betrachtungsweise* gemäß Bild 2 darstellen durch das Zusammenwirken

- der *Operanden* als Gegenstand des Problem-Bearbeitungs-Prozesses in Form der fortschreitenden Zwischenergebnisse,

- der *Operatoren*, das sind die Einwirkungen, welche die Zustandsänderungen des Gegenstandes ermöglichen bzw. bewirken,

- der *Mittel*, das sind einerseits die Methoden, gedanklichen Verfahren, Informationen und andererseits die technischen Mittel, mit denen die Bearbeiter auf den Prozess einwirken,

- der *gedanklichen Operationen* als die Folge des Wirkpaars *Operator – Operand* und

- der *Bearbeiter*, der mit seiner Qualifikation, Motivation und Organisation den Problem-Bearbeitungs-Prozess vollzieht.

3.6. Methodisch relevante Übergänge im Problem-Bearbeitungs-Prozess

Der Problem-Bearbeitungs-Prozess ist als Transformations- und Informationsverarbeitungs-Prozess durch drei grundlegende, methodisch relevante Übergänge gemäß Bild 3 geprägt:

- *Ü1 – Der Übergang 1:* Vom objektiven Problemsachverhalt über die erfinderische und präzisierte Aufgabenstellung bis hin zur abstrahierten Aufgabenstellung mit dem Ansatz zur Suchfrage und eventuell bis zu erkannten Lösungsrichtungen für den Ausgangspunkt des Problemlösungs-Prozesses.

  Neben der analytischen, recherchierenden, abstrahierenden sowie schlussfolgernden Tätigkeit ist für Ü1 kreatives, methodisch-systematisches, zielbildendes und vorausschauendes Arbeiten notwendig.

  Die Zahl der möglichen alternativen Lösungsrichtungen oder Ansätze kann vielfältig sein. Durch das Präzisieren und Abstrahieren der gefundenen Alternativen A_n für neuerungsgerechte Aufgabenstellungen gemäß Bild 3 werden die priorisierte Lösungsrichtung und der Ausgangspunkt für den Problemlösungs-Prozess im Übergang 2 erarbeitet.

- *Ü2 – Der Übergang 2:* Vom zu erfüllenden Zweck bzw. der zu erfüllenden Funktion zum Zweck erfüllenden Mittel, das heißt zur Problemlösungs-Idee bzw. zum Problemlösungskonzept.

  Dieser Übergang 2 ist bzgl. der Lösungsfindung in seinem Wesen sowohl mehrdeutig als auch unbestimmt. Es können mehrere innovative Lösungsvarianten V_m gefunden werden.

  Der Übergang 2 ist der kreative Schwerpunkt des Problemlösungs-Prozesses. Die kreative Lösungsfindung wird durch *kreatives, methodisch-systematisches Arbeiten* (Analysieren, Abstrahieren, Suchen, Identifizieren, Inspirieren, Konkretisieren, Generieren, Kombinieren, Variieren, Verfremden, Assoziieren) generiert oder durch *intuitionsförderndes Arbeiten* (Phantasie, Inkubation, Inspiration, Eingebung, Vision) gefunden.

Das Erkennen der priorisierten Lösungsvariante erfordert analysierendes, kritisches, vorausschauendes und bewertendes Denken und Entscheiden.

- *Ü3 – Der Übergang 3:* Von der priorisierten Problemlösungs-Idee oder dem Lösungs-Konzept zur konkret gestalteten, detaillierten und verifizierten Problemlösung.

Für diesen Übergang gelten neben den methodisch-systematischen Denk- und Arbeitsweisen vor allem Verfahren, Mittel, Regeln sowie die Sach- und Kontrollinformationen des jeweiligen Objektbereiches und der Fachdisziplin. In diesem Übergang werden durch das Konkretisieren oft Teilprobleme erkannt, die zur erfolgreichen Problemlösung analog über Ü1 und Ü2 bearbeitet werden müssen.

In der Praxis können die Übergänge 1 bis 3 verschmelzen.

Die für die Übergänge 1 und 2 jeweils grundlegenden Prozessabläufe sowie die methodischen und systemwissenschaftlichen Grundlagen und Regeln verlaufen bei entsprechender Abstraktion für alle Aufgabenklassen der kreativen Systementwicklung auf gleichartigen Bahnen. Sie bieten damit die Chance, einen *allgemeingültigen Prozessablauf zu formulieren* und z.B. als *ganzheitliche Grundstruktur* des Problem-Bearbeitungs-Prozesses in Form von Prozessmodellen darzustellen. Die konkreten Prozessabläufe und Arbeitsweisen sind von vielen wesenstypischen Einflussfaktoren, den Aufgabenklassen und konkreten Problemstellungen abhängig.

3.7. Einflussfaktoren auf Prozessabläufe – Beispiele

Die konkreten Prozessabläufe und Arbeitsweisen sind von vielen wesenstypischen Einflussfaktoren abhängig, z.B. von der Problemart und Problemkomplexität, dem Anfangszustand, dem Einstiegspunkt in den Problem-Bearbeitungs-Prozess (siehe hierzu die Abschnitte 5.1 und 6).

Die *Problemart* ist ein sehr komplexer Einflussfaktor mit gravierenden Wirkungen für den Prozessablauf. Sie ist gekennzeichnet durch

- den *Gegenstand* des Problems, z.B. eines Produktes, Verfahrens, Konzeptes, einer Strategie, Organisationslösung oder eines gedanklichen Verfahrens (Methode, Programm, Algorithmus),

- die *Komplexität* des Problems, z.B. als Gesamtprodukt, Teilsysteme, Elemente, Partialsystem,

- den *Schwierigkeitsgrad* des zu lösenden Problemfeldes, z.B. eine überschaubare oder einfache, eine anspruchsvolle oder eine außergewöhnliche Problemsituation [49],

- den *Anspruch und Grad* der angestrebten Neuerung oder Erfindung, z.B. die Gewinnung einer neuartigen, originellen, einzigartigen, noch nie dagewesenen, attraktiven, höchste Anforderungen erfüllenden und einen Widerspruch lösenden Innovation, oder die Entwicklung einer fundierten, hinreichenden, durch Kompromisse gewonnen Problemlösung,

- die *Art, Vielfalt und Anspruchshöhe* der zu erfüllenden Anforderungen, der Vorgaben, einschränkenden Bedingungen (Restriktionen), zu beachtenden Umstände und Nebenwirkungen, die zusammengefasst das sogenannte *Anforderungsprofil* ergeben,

- das verfügbare *Wissen*, die gegebenen und fehlenden Informationen,

- sowie die gegebene *Aufgabenstellung*, den *Anfangszustand* und den *Einstiegspunkt* in den Problem-Bearbeitungs-Prozess.

Der *Ausgangszustand* für einen Problem-Bearbeitungs-Prozess wird vor allem geprägt

- durch den *Arbeits- und Erkenntnisstand* und die damit vorliegenden bzw. die schon erarbeiteten Ziel-, Sach-, Programm- und Kontrollinformationen zum Gegenstand des Problem-Bearbeitungs-Prozesses,
- durch die zwingenden *Restriktionen* (z.B. Ressourcen, Zeit, Budget, Umstände, Forderungen)
- sowie die *Kompetenz*, Kenntnisse, Erfahrungen, Motivation und Zusammensetzung des Bearbeiterteams.

Der *Ausgangspunkt* für die Problembearbeitung kann im Verlauf des Innovationsprozesses sehr verschieden sein und in verschiedenen Hierarchieebenen erfolgen. Neben der anfänglichen Problemerkennung in Prozess-Stufe 1 können im Verlauf des Innovationsprozesses neue Probleme (Sekundärprobleme) in den Prozess-Stufen 2 bis 7 erkannt werden, die für eine erfolgreiche Innovation gelöst werden müssen, z.B.:

- durch Zerlegen des Problems beim Präzisieren der Aufgabenstellung,
- bei der Planung des Problem-Bearbeitungs-Prozesses,
- bei der Problemzerlegung und Systemsynthese in der Lösungsphase,
- bei der kritischen Analyse,
- und nicht zuletzt bei der Realisierung der Lösung, Markteinführung sowie Nutzung der realen Systemlösung.

Diese im Innovationsprozess neu erkannten Probleme erfordern neue Problem-Bearbeitungs-Prozesse auf einer „niedrigeren", tiefer liegenden Hierarchieebene. Auch für diese Problem-Bearbeitungs-Prozesse gelten die gleichen Gesetzmäßigkeiten, obwohl ihre Prozessabläufe ausgehend vom allgemeinen Prozess-Modell jeweils problemspezifisch und kreativ gestaltet werden müssen.

3.8. Bestandteile der Grundlagen des Problem-Bearbeitungs-Prozesses – die Aspekte

Die Grundlagen des Problem-Bearbeitungs-Prozesses umfassen ausgehend vom Wirksystem in Bild 2 folgende Aspekte:

- den *operationsorientierten und methodischen Aspekt*, z.B. dargestellt durch ein allgemeines Prozessmodell (Strategie), Wesensmerkmale des Prozesses, die Kreativität fördernde Methoden, heuristische Prinzipien und Regeln, siehe z.B. [3, 6, 9, 18, 25, 31, 34, 37, 39].

- den *objektorientierten, systemtechnischen Aspekt*, z.B. dargestellt durch den Gegenstand des Problem-Bearbeitungs-Prozesses, seine Zwischenergebnisse bzw. Bearbeitungszustände im Prozess (z.B. erfinderische Aufgabenstellungen, Suchfragen, Problemlösungsalternativen usw.) und durch systemtheoretische Modelle zu repräsentativen Objektklassen.

  Dieser Aspekt kann für technische Systeme durch eine Theorie technischer Systeme, z.B. durch ein allgemeingültiges Modell für die Objektklasse „Erzeugnis", wirksam unterstützt werden, [3, 6, 9, 17, 24, 32, 35, 57, 58].

- den *motivations- und intuitionsorientierten Aspekt*, z.B. das progressive Streben und das Bedürfnis des Bearbeiters oder des

Teams nach neuen, anspruchsvollen Lösungen durch die Gewinnung von Weitblick, Gesichtsfelderweiterung, die Motivation und Lernbereitschaft, Hinwendung zu einer methodisch-systematischen, kreativen Denk- und Arbeitsweise, die Identifikation mit der Aufgabenstellung, die Fähigkeit zur Konzentration auf das Zukünftige und eine weitsichtige Lösungskritik, siehe z.B. [13, 14].

3.9. Der Schwerpunkt des vorliegenden Beitrages ist der operationale Aspekt

Der operationale Aspekt ist wie oben aufgeführt vor allem durch allgemeine Prozessmodelle für die Grundstruktur des Problem-Bearbeitungs-Prozesses sowie seine Merkmale, die heuristischen Methoden, Prinzipien und Regeln darstellbar.

Ebenso relevant für den Innovationserfolg ist die Beherrschung des objektorientierten Aspektes, da er den zu gestaltenden Prozessgegenstand betrifft. Insgesamt ist zu betonen, dass für erfolgreiches Arbeiten im Problem-Bearbeitungs-Prozess die kreative, flexible Symbiose aller drei oben genannten Aspekte erforderlich ist.

Der operationale Aspekt unterstützt

- das Ableiten von Strategien für planvolles, vorausschauendes Vorgehen, z.B. durch modifizierte Prozessmodelle mit einer flexiblen Zuordenbarkeit geeigneter heuristischer Methoden.

- die kreative Lösungsfindung durch die Anwendung der Erfindungs- und Konstruktions-Methoden und analogen Methoden sowie der methodisch-systemwissenschaftlichen Denk- und Arbeitsweisen.

- die systematische Nutzung der heuristischen Methoden und Prinzipien,

- die schöpferische Orientiertheit, Intuition, Phantasie, Assoziation, Eingebung, Vision.

- die Problemlösungsumsicht, d.h. z.B. die Wahrnehmung von Problemen, Herausforderungen, Chancen und Risiken, aber auch das Loslösen vom Althergebrachten.

- das Erkennen von Teilproblemen durch Zerlegen (Dekomposition) und das kreative Erkennen der Möglichkeiten für eine erfolgreiche Synthese der Teilergebnisse zur Gesamtlösung (Komposition).

- das vorausschauende Erkennen, das Erspüren der Erfolgsaussichten für die aussichtsreichsten Lösungsalternativen in einem breiten Lösungsfeld. Dazu gehören auch das Entfalten der Vorstellungskraft, das Nutzen „gedanklicher Experimente", das Überwinden von Blindheit und Engstirnigkeit sowie das Vermeiden von übereiltem Handeln.

- die planvolle, systematische Analyse und Recherche zum erforderlichen und verfügbaren Wissen, für die Wissensbereitstellung, -selektion, -erzeugung, -verarbeitung und -bewertung.

- die psychodynamischen Antriebskräfte und organisatorischen Aspekte wie Motivation und den Willen für eine anspruchsvolle innovative Lösung, die interdisziplinäre Teamarbeit, soziale Kreativität, das Konfliktmanagement und die Lösungswegplanung.

- den oftmals spontan gewählten Lösungsweg zur Problemlösung, wenn direkt mittels der Widerspruchlösung ohne bewusstes systematisches Vorgehen gearbeitet wird.

4. Darstellung der allgemeinen Grundstruktur des Problem-Bearbeitungs-Prozesses durch Prozess-Modelle

Die gesuchte allgemeingültige Grundstruktur, die durch ein Prozessmodell des Problem-Bearbeitungs-Prozesses darstellbar ist, soll vor allem bezogen sein auf die Abläufe des Problem-Bearbeitungs-Prozesses für die *Entwicklung neuer, innovativer, antizipierter sowie realer, zweck- und funktionserfüllender Systeme.*

Ein Prozessmodell soll

- *einerseits* unabhängig von der Problemsituation, Problemart, Aufgabenstellung, dem Objektbereich, dem Anfangs- und Endzustand des Prozesses sein.

  Es sollte geeignet sein für die Entwicklung von Erfindungen und Neuerungen, z.B. in den Bereichen Wissenschaft, Technik, Konzept- und Strategie-Entwicklung, Informatik, Wirtschaft, Organisation, aber auch für andere nicht-technische Bereiche. Das erfordert eine große *Allgemeingültigkeit.*

- *andererseits* nicht zu *abstrakt,* optimal *detailliert* und instruktiv für die verschiedenen Nutzungserfordernisse sein sowie die ganzheitliche Darstellung der prozessualen Grundlagen des Problem-Bearbeitungs-Prozesses ermöglichen.

Für die zukünftige Findung eines Prozessmodells, das für die angestrebte einheitliche, ganzheitliche und für die Praxis und Lehre als Grundlage für die Methodik geeignet ist, sind diese gegensätzlichen Anforderungen eine Herausforderung. Als Rahmen und Ausgangspunkt für die dafür notwendige Diskussion werden im Folgenden *drei Modell-Typen* für die Darstellung der Abläufe des Problem-

Bearbeitungs-Prozesses unterschieden, charakterisiert und in ein *Raum-Modell mit den Achsen Allgemeingültigkeit – Detailliertheit – Abstraktion* eingeordnet.

- *Modell-Typ 1 gemäß Bild 1 und 2:*

  - *Allgemeingültig für* den komplexen Problem-Bearbeitungs-Prozess.
  - *Detailliert durch* Prozess-Stufen.
  - *Konkretisiert durch* methodische Merkmale und methodisch relevante Übergänge.

Der Modell-Typ 1 stellt die Abgrenzung und den Inhalt des Problem-Bearbeitungs-Prozesses dar, die Einordnung in den Innovationsprozess sowie die methodischen Merkmale und Grundzüge des Vorgehens der relevanten Übergangsprozesse im Problem-Bearbeitungs-Prozess. Der Schwerpunkt liegt dabei auf großer Allgemeingültigkeit der Modellierung.

Er wird durch die drei Prozess-Stufen 1 bis 3 aus Bild 1 sowie durch die Merkmale der Übergänge Ü1 bis Ü3 aus Bild 3 detailliert und bildet den Rahmen für detaillierte und konkretere Modelle, z.B. als Typ 2 und 3.

- *Modell-Typ 2 gemäß Bild 14, 22 und 23:*

  - *Allgemeingültig für* Problem-Bearbeitungs-Prozesse, vor allem bei extrahierten, nicht zu komplexen Problemstellungen in den Phasen und Entwicklungsstufen des Problem-Lösungs-Prozesses.
  - *Detailliert durch* invariante Arbeitsschritte und methodische Regeln.
  - *Konkretisiert durch* Merkmale der Zwischenergebnisse.

In der Darstellung von Modell-Typ 2 befinden sich Abstraktion, Detaillierung und Allgemeingültigkeit in einem ausgewogenen Verhältnis.

Er ist geeignet als „Problem-Lösungs-Modul" in allen Hierarchieebenen des Problem-Bearbeitungs-Prozesses, besonders für schon herausgearbeitete Problemstellungen. Sein engeres Ziel ist das Generieren von innovativen Lösungsideen und Konzepten sowie das anschließende Gestalten und Auswählen der priorisierten Problemlösung.

- *Modell-Typ 3 gemäß Bild 4, 14 und 19:*

  - *Allgemeingültig für* Problem-Bearbeitungs-Prozesse komplexer, spezifischer Objekt- und Problemklassen.
  - *Detailliert durch* Phasen, Entwicklungsstufen und Hierarchie-Ebenen.
  - *Konkretisiert durch* Zwischenergebnisse, Merkmale, Methodenzuordnungen und methodische Regeln.

Der Modell-Typ 3 ist allgemeingültig für Problem-Bearbeitungs-Prozesse von komplexen Problemstellungen in der Aufgabenklasse *Entwicklung innovativer antizipierter Problemlösungen für technische Systeme.* Der Schwerpunkt liegt hierbei auf der Detaillierung und Konkretion.

Durch Spezifikation kann dieser Modell-Typ erfahrungsgemäß auch für andere Aufgaben- und Objektklassen analog genutzt werden, z.B. für komplexe, innovative Problembearbeitung in der Wirtschaft, Organisation, Logistik, Bionik, Informatik, aber auch für die Entwicklung von gedankliche Verfahren, Algorithmen u.a.

Der Modell-Typ 3 ist *nicht nur* auf den kreativen Problemlösungs-Prozess gerichtet, sondern beinhaltet auch den sehr wichtigen Vorbereitungsprozess zur Aufgabenfindung und zum Erkennen und Präzisieren des Problems.

Die Prozess-Modelle für die ganzheitliche Darstellung der Grundlagen des Problem-Bearbeitungs-Prozesses sollen und können keinen Erfindungsalgorithmus darstellen oder die bekannten Erfindungs- und Konstruktionsmethoden ersetzen. Sie können jedoch wirksam für das Planen und Entwickeln der problemspezifischen, konkreten Problem-Bearbeitungs-Strategien und -Abläufe genutzt werden und vermitteln die methodischen Prinzipien und Regeln. Sie fördern die methodisch-systematische Denk- und Arbeitsweise und die gezielte Nutzung der Intuition. Sie können auch *als Beitrag zur Weiterentwicklung* einer gut verständlichen, einfachen und praktikablen modernen Innovationsmethodik genutzt werden.

Diese Prozess-Modelle sind allein und unmittelbar für die problemspezifischen Abläufe nicht hinreichend konkret und spezifisch. Die konkreten Abläufe und Vorgehensweisen für die Praxis können durch die Beherrschung und schöpferische Anwendung der Grundlagen in Abhängigkeit der zitierten Einflussfaktoren, Spezifikation, Modifikation, Detaillierung, Auslassungen, Sprünge, Schleifen oder quasi paralleles Arbeiten aus den Modellen abgeleitet werden. In [23] ist ein Beispiel für ein solches spezifisches Modell des Konstruktionsprozesses dargestellt. Das Wissen zu den Grundlagen und die Fähigkeiten zur praktischen Anwendung sind lehrbar und erlernbar, besonders in einem praxisgerechten Kreativitätstraining.

Teil II: Grundlagen zu den Prozessabläufen
und zur methodisch-systematischen Denk-
und Arbeitsweise im innovativen
Problem-Bearbeitungs-Prozess

5. Das allgemeine Prozessmodell für den komplexen Problem-Bearbeitungs-Prozess (Modelltyp 3)

Darstellung und Gültigkeitsbereich

In diesem Kapitel 5 werden die Prozessabläufe und methodischen Grundsätze des Problem-Bearbeitungs-Prozesses in einem allgemeinen Prozess-Modell gemäß Modelltyp 3 durch Prozess-Stufen, Phasen, typische Zwischenstufen, Entwicklungsstufen, Arbeitsschritte, typische Zwischenergebnisse sowie Grundsätze, relevante Merkmale, Prinzipien und Regeln an Hand der Bilder 4, 14 und 20 dargestellt und diskutiert. Das Modell soll gelten für die bedeutende, komplexe *Aufgabenklasse „Entwicklung neuartiger, innovativer antizipierter oder realer zweck- und funktionserfüllender technischer Systeme und Prozesse".*

Grundlegende Elemente des Modells werden in einem vereinfachten, allgemeingültigen Prozessablauf in Bild 4 dargestellt. Der Prozessablauf ist durch eine sequentielle Folge mit *drei Prozess-Stufen* und *vier Prozess-Phasen* grob strukturiert. Sie werden durch typische Zwischenstufen und Zwischenergebnisse detaillierter charakterisiert.

Mit den Bildern 14 und 15 werden ergänzend relevante Grundsätze vertiefend sichtbar gemacht. In Bild 14 wird in den Prozess-Stufen 1 und 2 das Vorgehen vom Abstrakten zum Konkreten im Prozess von der Problemerkennung bis zu einer präzisierten, innovativen Aufgabenstellung veranschaulicht. Eingangs der Prozess-Stufe 3 liegt damit die *abstrahierte Aufgabenstellung* vor, um die Problemlösung zu entwickeln. Dieser Problem-Lösungs-Prozess ist hier in drei Phasen und sieben Entwicklungsstufen unterteilt, um den Prozess der Entfaltung der Lösung vom Abstrakten zum Konkreten genauer zu strukturieren. Auf die Entwicklungsstufen der vierten *Verifikations-und Optimierungs-Phase* wird hier nicht näher eingegangen.

Bild 15 verdeutlicht, dass in den Prozess-Stufen und Entwicklungs-Stufen die methodisch invarianten Arbeitsschritte wiederkehren und damit die methodische Vielfalt auf wenige heuristische Prinzipien zurückführbar ist.

Ein allgemeingültiges Modell für diesen großen Gültigkeitsbereich kann, wie schon oben vermerkt, nicht so spezifiziert werden, dass es im konkreten Anwendungsfall einfach sequenziell abgearbeitet werden kann. Die realen Abläufe in der Praxis sind konkreter, detaillierter, hierarchisch strukturiert und können in Sprüngen, Schleifen, Auslassungen, Rückkopplungen und quasi paralleler Bearbeitung verlaufen, wie zum Beispiel die Grundstruktur eines allgemeinen Konstruktionsverfahrens in [23] veranschaulicht.

Das allgemeine Prozessmodell kann jedoch für den konkreten Fall in Abhängigkeit von der Problemspezifik, den Wesensmerkmalen des Problem-Bearbeitungs-Prozesses und den vorliegenden Informationen und Vorgaben situationsabhängig, flexibel und kreativ für die Strategieentwicklung konkretisiert und spezifiziert werden, zum Beispiel unter Nutzung der Grundsätze und Merkmale des Problem-Bearbeitungs-Prozesses (Abschnitt 5.3.1 und Kapitel 6).

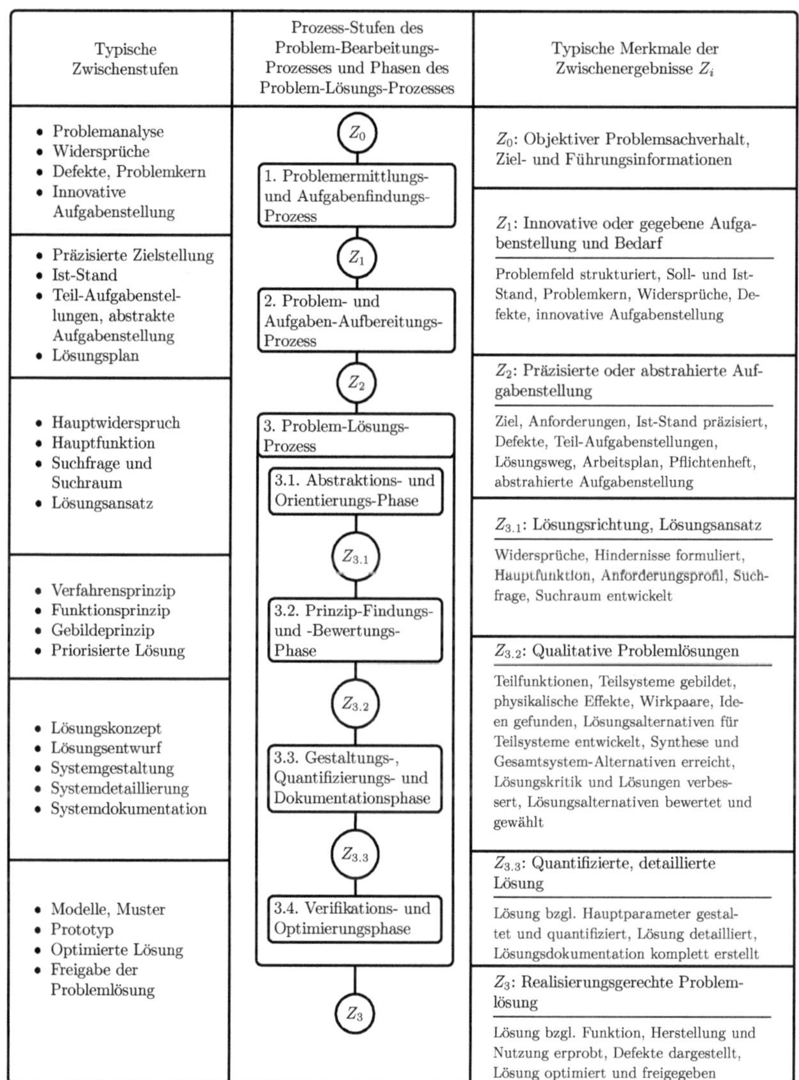

Bild 4: Prozess-Stufen, Prozess-Phasen, typische Zwischenstufen und Zwischenergebnisse des Problem-Bearbeitungs-Prozesses am Beispiel „Entwicklung innovativer technischer Systeme"

5.1. Prozess-Stufe 1 — Problemermittlung zur Gewinnung der innovativen Aufgabenstellungen

5.1.1. Zielsetzung der Prozess-Stufe 1

Zielsetzung der Prozess-Stufe 1 ist das Erkennen des Problems und Problemkerns durch Problemanalyse, das Ableiten der erfinderischen Aufgabenstellung und nicht zuletzt die Herausbildung einer progressiven Einstimmung und Sensibilisierung zur Motivation und Identifikation des Bearbeiters oder des Bearbeiter-Teams für eine kreative, systematische Problemlösung.

Das methodisch-systematische Erarbeiten neuerungsgerechter oder erfinderischer Aufgabenstellungen ist eine wesentliche Vorbereitung für das Gewinnen überraschend neuer, einmaliger, origineller, realisierbarer und nutzbringender Problemlösungen. Die Prozess-Stufe 1 ist maßgeblich für das Erreichen eines bedeutenden Fortschritts und Neuheitsgrades auch im internationalen Maßstab. Diese Prozess-Stufe wird in vielen Kreativitätstechniken nicht genügend beachtet und erfährt deshalb in diesem Beitrag eine umfassendere Darstellung.

5.1.2. Sonderfälle und Abgrenzung

In manchen Situationen stellt sich heraus, dass kein Problem vorliegt oder das wahrgenommene Problem kann oder muss unter Umständen als eine einfache Aufgabe akzeptablen gelöst werden, z.B. durch Optimierung, durch das Abschwächen des Anforderungsprofils oder durch das Umgehen des Problems. Hierfür gelten die in allen Branchen beherrschten klassischen Entwicklungsabläufe für Aufgaben [23, 28, 51, 52]. Es gelten hier vor allem die Methoden, Standards und Regeln des Fachgebietes. In diesem Fall kann *zum Präzisieren der Aufgabenstellung in die Prozess-Stufe 2 übergegangen werden*. Der Lösungsprozess kann allerdings auch hier fachlich anspruchsvoll sein und großen Aufwand erfordern.

5.1.3. Merkmale des Problemerkennungs- und Aufgabenfindungs-Prozesses

Die Zusammenhänge und das Wesen für das Erkennen des Problems und des Widerspruchs sowie der daraus ableitbaren erfinderischen Aufgabenstellung werden in einem vereinfachten Modell in *Bild 5* dargestellt, aus dem die markanten Arbeitsschritte in *Bild 6* abgeleitet sind. Die Problemerkennung und -Präzisierung erfordert eine methodisch-systematische Problemanalyse.

Der *Input*, d.h. der Anfangszustand bzw. der Anstoß oder Anlass für den Problem-Bearbeitungs-Prozess ergibt sich aus dem *Wahrnehmen* einer Problem-Situation von dem unabhängig vom Bewusstsein existierenden *objektiven Problemsachverhalt*.

Der Problemsachverhalt ist geprägt durch „*Unverträglichkeiten*" zwischen dem Ist-Zustand und einer Änderung der Bedürfnisse, des Bedarfs, der Umgebung sowie aus den Erfordernissen durch neue Entwicklungen, Trends, Vorschriften, Gesetze, die mit den verfügbaren „Mitteln" nicht erfüllbar sind.

Vereinfacht gesagt: Ob ein Problem rechtzeitig und richtig erkannt wird und wie es für die Problemlösung angepackt wird, das hängt unter anderem in hohem Maße von den *Bedingungen zur Abbildung* des Problemsachverhaltes ab, z.B. von dem Vorgehen und der Gründlichkeit, mit welcher die Analysephase vollzogen wird, der Offenheit, mit der die Informationen jeglicher Art aufgenommen werden, der Ergebnisoffenheit, dem Erkenntnisstand sowie der Kompetenz, Orientierung, Weitsicht und Motivation der Bearbeiter.

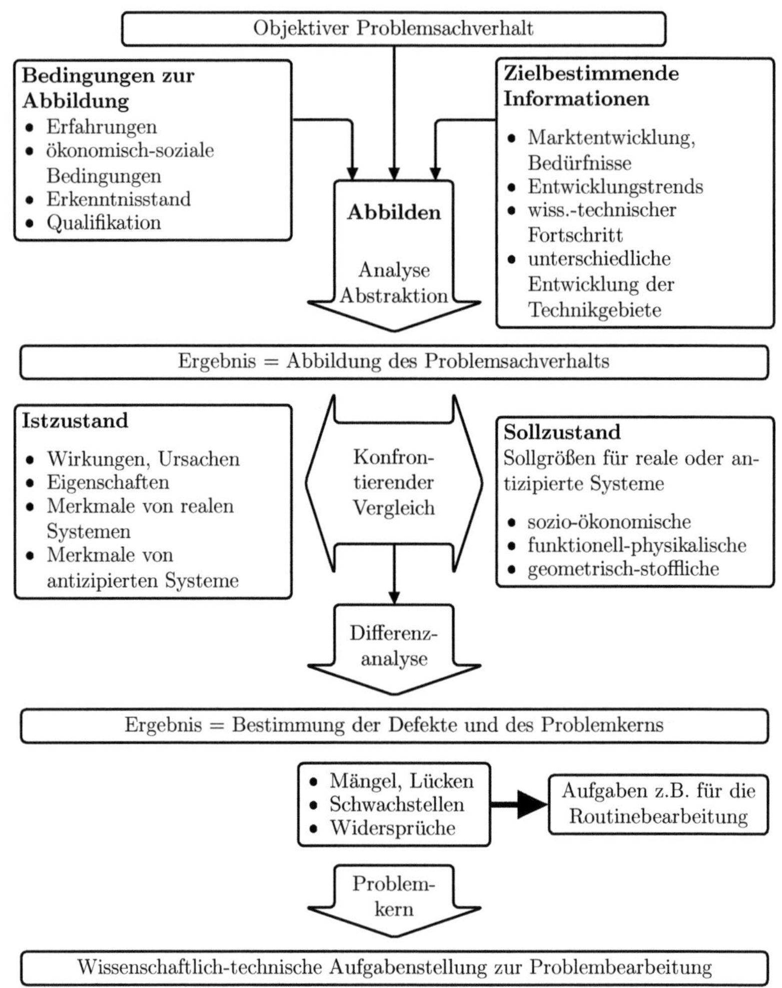

Bild 5: Modell zum Problemerkennungs- und Aufgabenfindungs-Prozess

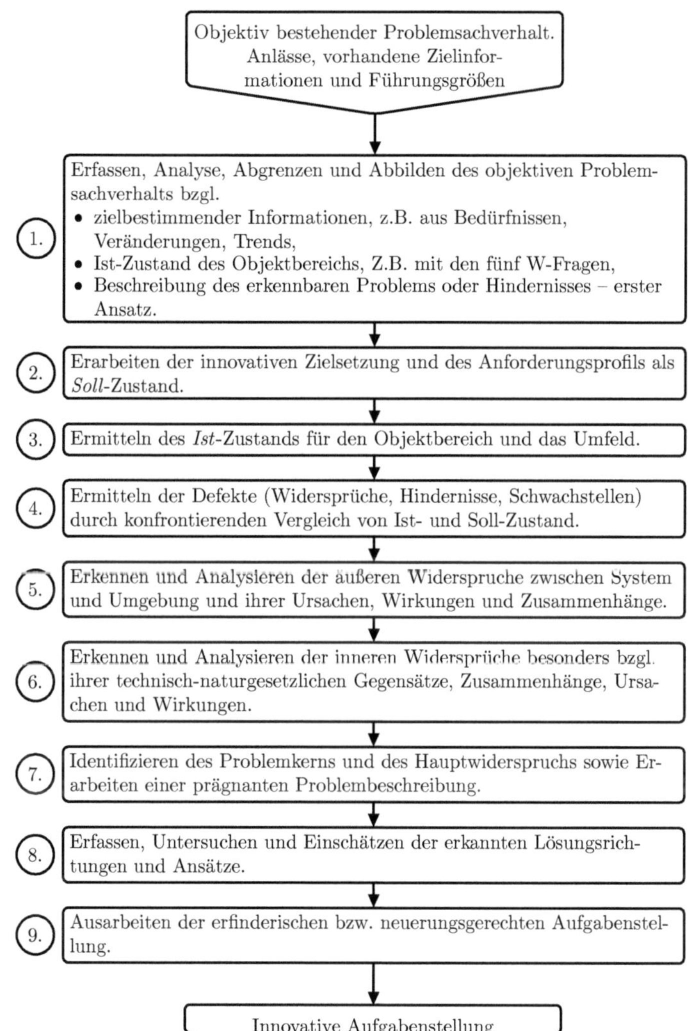

Bild 6: Arbeitsschritte für die Problemermittlung und Aufgabenfindung

Der *Output*, d.h. der Endzustand oder das Ergebnis des Problem-Erkennungs-Prozesses, ist eine geeignete innovative Darstellung des Problems, des Problemkerns und der Widersprüche sowie eine auf innovative Neuerungen oder Erfindungen gerichtete anspruchsvolle Zielsetzung und erfinderische Aufgabenstellung. Sie soll einerseits primär auf überraschend neue, originelle, bedeutende innovative Problem-Lösungen mit attraktivem Nutzen gerichtet sein, aber auch schon eine Chance auf realistische Machbarkeit für möglich halten, ohne eine zu frühe Einschränkung der Lösungsrichtungen zu riskieren.

5.1.4. Gegenstand des Problemerkennungs- und Aufgabenfindungs-Prozesses

Im Kern dieser Stufe 1 geht es

- um die Abbildung und kritische Problemanalyse des Problemsachverhaltes mit einer gründlichen Auseinandersetzung und Wissensanreicherung zum Problemsachverhalt.

- um einen konfrontierenden Vergleich mit einer Differenzanalyse zwischen Ist-Zustand und dem angestrebten Soll-Zustand. Aus dieser Differenz können mit der Fortführung der Problemanalyse der Problemkern und die Defekte (Widersprüche, Schwachstellen, Mängel, Lücken) erkannt und abgeleitet werden.

- und um die Gewinnung der innovativen oder erfinderischen Aufgabenstellung für die Problemlösung.

5.1.5. Arbeitsschritte 1 bis 9 des Problemerkennungs- und Aufgabenfindungs-Prozesses

Input dieses Prozesses sind das wahrgenommene Problem des objektiv bestehenden Problemsachverhalts und die Anlässe für die Problembearbeitung, sowie die vorhandenen zielorientierenden Informationen. *Output* ist die innovative Aufgabenstellung für die Problembearbeitung.

Die Struktur dieses Prozesses wird durch die *Arbeitsschritte 1 bis 9 in Bild 6* dargestellt.

Im Folgenden werden zu den Arbeitsschritten 1 bis 9 methodische Grundlagen, Prinzipen und Regeln einer methodisch-systematischen Denk- und Arbeitsweise dargestellt, die für eine kreative, methodisch-systematische Problemanalyse im Vorfeld der Problemlösung bedeutend sind.

Arbeitsschritt 1 – Erfassen, Analyse und Abbilden des objektiven Problemsachverhaltes

Kurzcharakterisierung

Dieser Arbeitsschritt beinhaltet das Erfassen der vorliegenden Informationen, die Analyse, das Abgrenzen, Strukturieren und Abbilden des objektiven Problemsachverhaltes für den Objektbereich.

Ausgangspunkt sind die Anlässe, Bedürfnisse, Änderungen und Wahrnehmungen. Zu ermitteln sind die erkennbaren, das Ziel bestimmenden Informationen. Das Ergebnis ist dabei von den oben genannten Bedingungen abhängig.

Schwerpunkte des Arbeitsschrittes 1

Mit dieser gründlichen Auseinandersetzung soll die Strukturierung des Problemsachverhaltes (PSV), das Erfassen der verfügbaren und fehlenden Informationen, der offenen Fragen und wichtigen Zusammenhänge des PSV erarbeitet werden. Weiterhin soll ein Überblick und die Verdichtung der vielfältigen Informationen, das Verstehen der Situation und die Bildung der Motivation und Sensibilisierung erreicht werden.

Aussagen und Informationen sollen zu folgenden Schwerpunkten gewonnen werden:

- Zielorientierende Informationen, die ableitbar sind aus den Bedürfnissen, Anlässen, Abweichungen, Änderungen, Wahrnehmungen, Wünschen, Chancen, neuen Entwicklungen und Erkenntnissen, Trends, dem Weiterentwicklungspotenzial, außergewöhnlichen Situationen und nicht zuletzt aus den erwarteten Eigenschaften und Wirkungen des angestrebten Soll-Zustandes.

- Der Ist-Zustand zum Objektbereich und zum übergeordneten System mit den aktuell erkennbaren Systemmerkmalen, Eigenschaften, Grenzen, Restriktionen, Umständen und Nebenwirkungen. Dazu sind System-, Struktur- oder Funktionsanalysen und eventuell erste Recherchen zum Markt, Wettbewerb und zur Branche geeignet. Hier erkannte Widersprüche sind Schwerpunkte für die weitere Bearbeitung.

- Abgrenzung des Problemfeldes, Beschreibung des vermuteten Problems, eventuelle Problemzerlegung und Erkennen von Prioritäten bei komplexeren Problemsituationen.

Nicht zu allen aufgeführten Schwerpunkten können und müssen in diesem Arbeitsschritt Informationen gewonnen werden. Diese Schwerpunkte sollen in den folgenden Arbeitsschritten 2 bis 7 vertieft und präzisiert werden. Perfektion ist in diesem Arbeitsschritt noch nicht gefordert. Deshalb unterstützt diesen Schritt oft eine *einfache Analyse mit 5-W-Fragen:*

- *Wie* äußert sich das Problem, die Abweichung, wie ist die Erscheinung? Wie wurden ähnliche Probleme gelöst?

- *Was* hat sich geändert, was ist geschehen, was ist betroffen? Was passiert, wenn das Problem nicht gelöst wird?

- *Welche* Veränderungen bewirken die Probleme, welche Ursachen sind erkennbar und welche Probleme sollen gelöst werden, welche Objekte, Teilsysteme, Parameter sind betroffen, welche Komponenten dürfen nicht geändert werden, welches Entwicklungspotenzial ist vorhanden und welche Prioritäten sind zu beachten?

- *Wo* ist das Problem entstanden, aufgetreten und wirksam?

- *Wann* wurde das Problem sichtbar, wann wurde schon einmal an dieser oder einem ähnlichen Problem gearbeitet und wann soll oder muss es gelöst sein?

Der erste Schritt zum Anforderungsprofil

Bei der Erstellung des Anforderungsprofils sind die Anforderungen, Umstände, Nebenwirkungen und Restriktionen des geplanten Nutzungszeitabschnittes des zu entwickelnden Systems vorausschauend zu berücksichtigen. Die Bildung dieses ersten Ansatzes für das Anforderungsprofil erfordert umsichtiges Verstehen, Variieren, Verfremden, Verdichten, Quantifizieren, Zuspitzen, Widersprüche erkennen, Prüfen. In dieser Phase sind fundierte Sachkenntnisse, systemwissenschaftlich-analytisches Arbeiten, Abstraktionsvermögen und die Fähigkeiten zur gedanklichen Vorwegnahme sowie zum Trennen von Althergebrachtem von großer Bedeutung.

Es ist weiterhin notwendig, das Problemfeld und den Objektbereich mit Augenmaß zu markieren, ohne einerseits das Gesichtsfeld zu beschränken und um andererseits uferloses Arbeiten zu vermeiden. Die Abbildung des objektiven Sachverhaltes kann *durch die jeweiligen*

Bearbeiter in ihrer konkreten Situation durch *subjektiven Charakter bzw. individuell geprägt* sein. Durch die Nutzung systematischer Analyseverfahren, geeigneter Abstraktionsschritte und Teamarbeit kann die Objektivierung unterstützt werden.

Arbeitsschritt 2 – Erarbeiten der innovativen Zielsetzung und des Anforderungsprofils

Der Informationsgehalt für den Soll-Zustand

Der Soll-Zustand bzw. das Endergebnis wird ausgehend von den Ergebnissen aus Arbeitsschritt 1 durch Zuspitzen und Verdichten als *Zielsetzung* ausgearbeitet. Die Zielsetzung soll beinhalten

- die strategische Orientierung für die Innovation und ihren Objektbereich und die Aussage, welches Problem gelöst werden soll,

- den zu erfüllenden Zweck oder die zu erfüllende Funktion sowie die Wirkungen und den Nutzen, die mit der Problemlösung erreicht werden sollen,

- das Anforderungsprofil, das von der innovativen Problemlösung in den Lebensstufen des Innovationsprozesses erfüllt werden muss und soll. Es besteht aus relevanten Anforderungen, Umständen, Nebenwirkungen, Restriktionen und Vorgaben. Aus diesem Profil sollen die Bewertungskriterien bzw. Maßstäbe für Einschätzungen abgeleitet werden können. Sie sind wichtig für spätere Entscheidungen z.B. zur Identifikation der innovativen Lösungsrichtung, der Ideen oder Lösung.

Die *Zielsetzung* soll einerseits sehr anspruchsvoll sowie innovationsgerecht ausgeprägt sein und andererseits einen attraktiven Nutzen sowie eine akzeptable Chance auf Realisierbarkeit erwarten lassen. Damit soll und kann einerseits das Abschweifen in zu weite Ferne vom benötigten Ergebnis und andererseits das Arbeiten in zu großer Enge und Beschränktheit ausgewogen vermieden werden. Das Anforderungsprofil wird in der Regel im Bearbeitungsfortschritt der folgenden Prozess-Stufen vollständiger, präziser und verbindlicher.

Arbeitsschritt 3 – Analyse und Aufbereitung des Ist-Standes

Der Analysegegenstand

Arbeitsschritt 3 ist unter Einbeziehung der Ergebnisse von Arbeitsschritt 1 auf die Vertiefung und Präzisierung des Ist-Zustandes gerichtet. Dazu ist eine gründliche Analyse und Recherche aller den *Ist-Stand* prägenden Informationen geeignet.

Zu analysieren ist der Objektbereich mit bekannten und ähnlichen Systemen sowie ihrem übergeordneten System bzw. dem Umfeld bzgl.

- ihrer Einordnung und den Wechselwirkungen,

- der Systemfunktion (Haupt-, Neben-, Teilfunktionen, Funktionsweise, Funktionswertflüsse), des Systemzustands und des Systemverhaltens,

- der Systemstruktur (Elemente, Wirkpaare sowie ihre Verknüpfungen und Anordnungen),

- der Anforderungen, Parameter, Kenngrößen, Eigenschaften, Wirkungen und ihren naturgesetzlichen, technischen, ökonomischen, organisatorischen und soziologischen Aspekten sowie ihrer Zusammenhänge,

- der vorhandenen und fehlenden Informationen, mangelnder oder mehrdeutiger Zielvorstellungen und offener Fragen zum Lösungsweg,

- der Wirkungen und Ursachen der Abweichungen, Widersprüche, Hindernisse, Mängel und Lücken.

Diese Analyse kann sich sowohl auf reale als auch auf antizipierte Systeme beziehen.

Analysevorgehen

Für die *Analysen* und *Recherchen* sind zu nutzen:

- die bekannten und analogen Systemlösungen,

- ihr Entwicklungspotenzial,

- Wertanalysen, Weltstandardanalysen,

- die Patent- und Fachliteratur,

- der wissenschaftlich-technischen Höchststand.

Die Untersuchung des Ist-Standes soll neben den Schwachstellen der bekannten Systeme auch die Stärken, Ansätze und Grenzen zur Weiterentwicklung erkennen lassen.

Für diese Analysen sind die bekannten Analysemethoden [48] und systemwissenschaftlichen Arbeitsmittel geeignet [25, 26]. Sie unterstützen es unter anderem, die Ergebnisse in verschiedenen Abstraktionsstufen darzustellen, um Abstand, Verfremdung, Überblick und Weitblick zu gewinnen oder bei Bedarf ins Detail zu gehen.

Arbeitsschritt 4 – Ermitteln der Defekte, vor allem der Widersprüche, durch Differenzanalyse zwischen Soll- und Ist-Zustand

Was ist ein Defekt?

Der Begriff *Defekt* beinhaltet *als Oberbegriff* dialektische Widersprüche, unverträgliche Gegensätze, Hindernisse, Abweichungen,

Herausforderungen, Schwachstellen, Fehler, Lücken, Mängel oder offene Fragen. Defekte in diesem Sinne liegen vor, wenn Systeme oder ihre Umgebung mit ihrem Verhalten, ihren Eigenschaften oder Kenngrößen bzgl. der Zielsetzung und den Anforderungen des Soll-Zustandes nicht vereinbar sind, unerwünschte Effekte oder Wirkungen verursachen, Hauptforderungen nicht erfüllen, nicht oder nicht hinreichend bekannt, gegeben oder vollständig sind.

In der Literatur, z.B. zur TRIZ, werden Defekte in der Regel allein als Widersprüche aufgefasst. Mit der Differenzanalyse werden jedoch alle Abweichungen zwischen Soll- und Ist-Stand erfasst, um die problem- und aufgabenbedingten Defekte, die mit der Aufgabenstellung gelöst werden müssen, gezielt und differenziert im Sinne der Ganzheitlichkeit zu erkennen und bearbeiten zu können.

Differenzanalyse – Konfrontierender Vergleich vom Soll und Ist

Durch einen konfrontierenden Vergleich mittels einer Differenzanalyse zwischen dem Soll-Zustand und dem Ist-Zustand sollen die Defekte, vor allem Widersprüche, Gegensätze, Barrieren oder Hindernisse, ermittelt werden, die für das Generieren des Sollzustandes gelöst oder überwunden werden müssen (Bild 5). Defekte sind potenziell in der *Differenz* zwischen Soll und Ist enthalten, wenn die Erfordernisse des angestrebten Soll-Zustandes durch den Ist-Stand nicht erfüllbar sind bzw. von ihm unverträglich abweichen. Sie können durch eine systematische System-, Defekt- und Widerspruchsanalyse herausgearbeitet werden.

Merkmale für Problem, Aufgabe und Widerspruch

Die mit der Differenzanalyse ermittelten Defekte können gemäß Bild 5 sowohl Probleme als auch Aufgaben enthalten [49, S. 341].

Probleme und die daraus ableitbaren neuerungsgerechten Aufgabenstellungen werden durch das Erkennen von dialektischen Widersprüchen und Gegensätzen oder Hindernissen in dem konfrontierenden Vergleich sichtbar. Ihre Lösung ist maßgeblich und erfolgsbestimmend für kreative, anspruchsvolle Neuerungen oder Erfindungen.

Aufgaben liegen vor, wenn es sich bei den Defekten nur um Schwachstellen, Mängel oder Lücken handelt, die mit den Mitteln des Fachgebietes zur Optimierung der Lösung im Rahmen einer standardmäßigen Weiterentwicklung behoben werden können.

Widersprüche (dialektische) verkörpern unverträgliche Gegensätze von Eigenschaften, Merkmalen, Anforderungen, Komponenten innerhalb eines Systems oder zwischen System und Umgebung. Diese konträren Aspekte, die erfüllt bzw. vorhanden sein müssen, bedingen und beeinflussen sich gegenseitig oder wechselseitig.

In der Problemanalyse werden *äußere* und *innere* Widersprüche unterschieden. Im ersten Schritt ist die Problemanalyse auf die Analyse der dialektischen Widersprüche gerichtet, vor allem auf das *Ermitteln ihrer Ursachen, Wirkungen, Zusammenhänge, Besonderheiten und von Ursachen-Wirkungs-Modellen* der unverträglichen Gegensätze zwischen dem Ist-Zustand und der angestrebten Lösung, dem Soll-Zustand, unter Beachtung der antizipierten Entwicklungstrends und -Dynamik [2, 27, 49].

Arbeitsschritt 5 – Erkennen und Analyse der äußeren Widersprüche

Was sind äußere Widersprüche und wie wirken sie?

Äußere Widersprüche oder Gegensätze entstehen zwischen relevanten, gegenseitig unverträglichen Eigenschaften, Merkmalen, Kenngrößen, Teilsystemen des betrachteten Systems und der System-Umgebung (übergeordnetes System).

Im Bereich der Technik handelt es sich vor allem um *ökonomisch-technisch* oder *organisatorisch-technisch* geprägte Gegensätze. Sie werden erkennbar, wenn die unverträglichen Gegensätze im Spannungsfeld zwischen dem bestehenden System im Ist-Zustand und den veränderten Bedürfnissen, Anforderungen, Trends, Entwicklungen und Anforderungen der Systemumgebung bzw. des übergeordneten Systems bestehen. Sie wirken, wenn die Hauptziele und Anforderungen für den Soll-Zustand bzgl. der wirtschaftlichen, technischen, organisatorischen, sozialen oder humanen Aspekte nicht mehr erfüllbar erscheinen.

Welche Rolle spielen äußere Widersprüche für die Problemerkennung?

Das Erkennen der Ursachen und Wirkungen der äußeren Widersprüche ermöglicht es, (grobe) Lösungsorientierungen abzuleiten und Entscheidungen für die weitere Bearbeitung zu treffen. Es kann und soll mit diesem Schritt sichtbar gemacht werden, ob der Soll-Zustand nach der Abschätzung des Weiterentwicklungspotenzials durch eine Kompromisslösung erreichbar ist oder ob Defekte als dialektische Widersprüche wirken, die durch Optimieren oder Kompromiss nicht überwunden werden können und eine völlig neue Lösung erfordern. Eine völlig neue Lösung entsteht allerdings erst, wenn die inneren Widersprüche erkannt und gelöst werden.

Arbeitsschritt 6 – Erkennen und Analyse der inneren Widersprüche

Was sind, wie entstehen, wie wirken die inneren Widersprüche?

Innere Widersprüche treten in Folge der äußeren Widersprüche in Erscheinung. Sie beziehen sich z.B. in der Technik auf die *technisch-*

naturgesetzmäßigen Zusammenhänge innerhalb des vorhandenen und des angestrebten Systems. Sie werden wirksam, wenn sich relevante Systemmerkmale gegensätzlich verhalten und eine dialektische Einheit bilden. Das heißt, wenn das betrachtete System im Ist-Zustand (z.B. die Teilfunktionen, Komponenten, Kenngrößen, Eigenschaften, Anforderungen, Umstände oder Nebenwirkungen) die Erfordernisse der angestrebten innovativen Lösung *im Soll-Zustand nicht erfüllen können*, da sich Ziele gegenläufig oder unverträglich verhalten – z.B. die „Öffnung muss zu und offen zugleich sein". Dann liegen Widersprüche oder – unschärfer erkannt – eine Barriere bzw. ein Hindernis vor. Sie stehen der angestrebten Lösung als unverträglicher, konträrer Gegensatz entgegen, z.B. bezüglich der Hauptziele, des Anforderungsprofils und relevanter funktioneller, physikalischer oder geometrisch-stofflicher Parameter bzw. Eigenschaften. Als besonders anregend hat sich die Formulierung des Widerspruchs als *Paradoxon* gezeigt – z.B. *etwas, das sein muss, aber nicht sein darf.*

So kann z.B. für eine Sollkenngröße gefordert sein, dass sie groß ausgeprägt ist und dass sie gleichzeitig zur Erfüllung anderer Forderungen nicht auftreten darf oder mindestens zulässig klein sein muss. Somit entsteht eine Spaltung der Einheit eines Kenngrößenpaars in unverträgliche Gegensätze.

Es ist auch zu klären, für welche Komponenten des Systems Defekte oder Widersprüche bestehen und für welche keine bestehen, wie sie sich wo auswirken und durch welche Besonderheiten sie gekennzeichnet sind und sich unterscheiden. Beispiele hierzu sind in [5, 27, 41, 49, 53] dargestellt.

Die Auseinandersetzung mit den inneren Widersprüchen kann in der Problemermittlungs-Stufe 1 beginnen, wird unter Umständen in der Problemaufbereitungs-Stufe 2 fortgesetzt und muss in der Problemlösungs-Stufe 3 vertieft und abschließend vollzogen werden.

Die Alternativen zur Lösung von unverträglichen Gegensätzen oder Widersprüchen

Diese Spaltung der Einheit und die damit verbundenen unverträglichen Gegensätze zwischen zu erfüllenden Anforderungen, Parametern, Eigenschaften können auf zwei Wegen behandelt werden:

- Durch eine *Widerspruchslösung*. Die unverträglichen Gegensätze werden durch eine grundlegend neue, noch nie dagewesene Problemlösung mit hohem Neuheitsgrad beseitigt. Dieser Weg ermöglicht den Zugang zu einem hohen Innovationsniveau und sollte, wenn möglich Priorität haben.

- Durch eine *Kompromisslösung*. Die unverträglichen Gegensätze werden mit der Lösung nicht beseitigt, jedoch in ihrer Wirkung durch die Lösung im Sinn der innovativen Zielsetzung hinreichend abgeschwächt. Es werden die unverträglichen Anforderungen, Restriktionen, Umstände durch neuartige Lösungen so gestaltet, variiert oder modifiziert, dass mit der Reduzierung der Gegensätze eine kreative Problemlösung möglich wird. Kreative Kompromisslösungen für ein Problem können einen akzeptablen Neuheitsgrad bei geringerem Erfolgsrisiko erreichen. Sie sind in der Praxis verbreitet, relevant und oft im Gesamtkontext der günstigere Weg. Sie führen jedoch nicht nah genug an die ideale Lösung heran, da der Widerspruch nur abgeschwächt, nicht überwunden wird. Für effektive kreative Kompromisslösungsprozesse ist allerdings auch hier eine kreative methodisch-systematische Arbeits- und Denkweise unverzichtbar.

Erscheinungsformen für innere Widersprüche

Während der äußere Widerspruch als Triebkraft für die Entwicklung neuer innovativer Lösungen wirkt, wird die Entwicklung der Neuerung oder Erfindung von der Lösung des inneren Widerspruchs bestimmt. Das *Konstrukt innerer Widerspruch* ist eine Hilfe beim schrittweisen Lösen von Widersprüchen. Der innere Widerspruch hat im Problem-Bearbeitungs-Prozess zwei Erscheinungsformen:

- *Erkenntnisprozessbedingter Widerspruch:* Der aus dem äußeren Widerspruch abgeleitete innere Widerspruch erfasst zunächst das Erkenntnisgefälle zwischen

  - dem vorhandenen Kenntnisstand in dem Fachgebiet des Objektes und
  - den fehlenden Erkenntnissen oder Informationen, die für die Lösung des Problems oder Widerspruchs erforderlichen sind.

- *Systembedingter Widerspruch:* Er wird vor allem im realen oder antizipierten Anwendungsprozess der Systeme sichtbar [13, 41]. Die systembedingten Widersprüche können technische oder naturgesetzliche Sachverhalte betreffen. Die inneren Widersprüche werden bei komplexen Problemen oft erst im Problemlösungs-Prozess vertieft darstellbar, wenn die Problemzerlegung fortgeschritten ist und das technisch-naturgesetzliche Geschehen erarbeitet wurde.

Das Ermitteln der Sollkenngrößen

Die Sollkenngrößen haben bei der vergleichenden Konfrontation und Widerspruchsanalyse eine besondere Bedeutung. Sie sind Ausdruck und bestimmend für den Grad der Gegensätze sowie den Abstand zwischen Soll und Ist und verursachen den Grad der unverträglichen Gegensätze und damit auch des Widerspruchs. Sie bedingen damit auch den potenziell notwendigen Neuheitsgrad und die Innovations-Chance.

Die Art, Zahl und Ausprägung der den Soll-Zustand repräsentierenden Sollkenngrößen sind in Abhängigkeit von der übergeordneten

Zielsetzung, den daraus resultierenden zielbestimmenden Anforderungen sowie den Restriktionen und Umständen zu ermitteln.

Der *Neuheitsgrad* der angestrebten Problemlösung kann bei der Definition des Anforderungsprofils und der Sollkenngrößen im Variationsfeld gemäß Bild 7 bewusst und vorausschauend beeinflusst werden. Für das Generieren anspruchsvoller Lösungen soll bei der Erarbeitung der Sollkenngrößen und damit auch des Anforderungsprofils das Niveau schrittweise bis zur vermuteten Realitäts- und Machbarkeitsgrenze erhöht werden. Das „Hochschrauben" der Anforderungen erzeugt bzw. erhöht den Widerspruch und damit die Chance auf erfinderische Lösungen.

Die Nutzung des Variationsfeldes für die Sollkenngrößendefinition

Das Variationsfeld für Sollkenngrößen in Bild 7 ergibt sich aus der Graduierung der zielbestimmenden Anforderungen einerseits und aus den Restriktionen und Umständen andererseits. Es unterstützt das schrittweise Verschärfen oder das Zurücknehmen der Komponenten des Anforderungsprofils.

Im Feld 1.1 könnte durch Zuspitzung der Sollkenngrößen die „ideale Lösung" (ein gedankliches Modell für die bestmögliche Lösung [2]) oder eine grundlegende Neuorientierung liegen. Hier ist die Innovationsnotwendigkeit und -chance groß.

Es kann sich lohnen, die Zuspitzung bis zur „idealen Lösung" schrittweise vorzunehmen. Durch ihre Analyse können Denkbarrieren überwunden, Hindernisse deutlicher erkannt und Denkanstöße für die Veränderung der Funktionalität, der Systemstruktur oder der Abgrenzung zur Umgebung gewonnen werden. Dafür sind aber in der Regel auch Schwierigkeitsgrad, Aufwand und Risiko für eine erfolgreiche Problemlösung größer. Mit Sollkenngrößen gemäß Feld 3.3 wird kaum eine anspruchsvolle neuerungsorientierte Aufgabenstellung erwartet.

Restriktionen Umstände / zielbestimmende Anforderungen	extrem groß	anspruchsvoll	minimal
1. extrem hohe Anforderungen	groß	1.2	1.3
2. erhöhte Anforderungen, trendbezogener Weltstand	2.1	Merkmale bzw. Kenngrößen des Sollzustands	2.3
3. normale Anforderungen bezogen auf den wiss.-techn. Iststand	3.1	3.2	klein

Feld 1.1: Erfindungszwang und -wahrscheinlichkeit groß, Schwierigkeitsgrad und Aufwand groß

Feld 3.3: Erfindungszwang und -wahrscheinlichkeit kleiner, Schwierigkeitsgrad und Aufwand kleiner

Bild 7: Variationsfeld für die Definition des Anforderungsprofils (Anforderungen, Restriktionen, Umstände, Nebenwirkungen)

Das Finden der erfolgsversprechenden Position in der Matrix nach Bild 7 ist für die Bearbeiter eine Herausforderung. Hierzu werden z.B. in [5, 53] wertvolle Vorgehensweisen dargestellt.

Arbeitsschritt 7 – Erarbeiten des Hauptwiderspruchs, des Problemkerns und einer präzisierten Problembeschreibung

Den Hauptwiderspruch und Problemkern herausarbeiten

Für Arbeitsschritt 7 ist die Fortsetzung der Problemanalyse in einem zweiten Schritt notwendig. Ein komplexer Problemsachverhalt kann mehrere Widersprüche enthalten. Deshalb ist es für die Effizienz und den Erfolg des Vorgehens günstig, Prioritäten zu setzen und den *Hauptwiderspruch* herauszuarbeiten. Dazu sind die widerspruchsrelevanten Bereiche des Systems zu ermitteln und die zur Überwindung der Widersprüche besonders relevanten Komponenten, Merkmale und Kenngrößen des Systems aufzudecken. Davon ausgehend ist das Erkennen und Ableiten des *Problemkerns* möglich. Dieser Schritt kann durch *systemwissenschaftliche Analyse* und schrittweise Abstraktion wirksam unterstützt werden. Dabei wird von der Erscheinung zum Wesen des Problems gelangt und ein tieferer Einblick, Weitblick und erweitertes Gesichtsfeld erreicht sowie das Überwinden von Denkbarrieren unterstützt.

Welche Aussagen soll die Problembeschreibung enthalten?

Nachdem der Erkenntnisstand zum Problemsachverahlt durch eine gründliche Auseinandersetzung mit dem Problem durch die Arbeitsschritte 1 bis 6 ausreichend geklärt und vertieft wurde, kann die detaillierte Problembeschreibung erarbeitet werden. Sie soll vor allem Aussagen zu folgenden Punkten zusammenfassend enthalten:

- Zielsetzung, Sollkenngrößen mit Anforderungsprofil für die angestrebte innovative Problemlösung, Formulierung der „idealen Lösung". Die damit verbundene hohe Zielsetzung kann, wenn notwendig, schrittweise zurückgenommen werden.

- Beschreibung der Entstehung des Problems und wann es wie erkannt wurde; evtl. wie ähnliche Probleme gelöst wurden (Entstehungsgeschichte oder vergleichende Erfahrung). Abschätzung des Weiterentwicklungspotenzials (S-Kurve [4]).

- Darstellung des Problems mit den unerwünschten Effekten und den Konsequenzen, die entstehen, wenn das Problem nicht gelöst wird.

- Darstellung der äußeren und innere Widersprüche und der weiteren Defekte (Schwächen, Mängel, Lücken), die zur Erlangung des Ziels gelöst werden müssen.

- Wirkung, Ursachen der Defekte, ihre Wechselwirkungen und die Zusammenhänge zwischen den Defekten, wenn möglich, dargestellt durch Modelle oder Skizzen. Von Wirkungen auf Ursachen schließen.

- Widersprüche und Hindernisse für die Problemlösung beurteilen, ordnen und stufen nach Bedeutung, Abstraktionsgrad, Lösungszugang.

- Hauptwiderspruch identifizieren. Erscheinung, Wesen, betroffene System-Komponenten, innere Strukturierung darstellen, z.B. durch erweiterte technisch-physikalische Modelle.

- Problemkern, der die Hauptwidersprüche und Hindernisse bzgl. der relevanten Sollkenngrößen bedingt.

- Konkrete, griffige Beschreibung von Problem und Widerspruch in geeigneter Vereinfachung und Abstraktion, z.B. durch „paradoxe Formulierungen" des Widerspruchs, Erkennen und Typisieren von Invarianten, das schrittweise Weglassen des Atypischen und Unwesentlichen, das Identifizieren der relevanten Faktoren oder Wirkungen [49, 56].

- Erfassen der bis dahin erkannten Teilprobleme und eventuell weiterer zusätzlich zu lösender Probleme, die durch die Problemlösung entstehen können.

Arbeitsschritt 8 – Erfassen und Einschätzen bisher erkannter Lösungsrichtungen

Das klare Erkennen und Formulieren des Problems ist nach vielfältigen Erfahrungen oft schon *die „halbe Lösung"*. So ist es in der Regel günstig, hier schon im Arbeitsprozess anzustreben, sichtbar gewordene Lösungsansätze und Anregungen nutzbar zu machen. Es kann z.B. detaillierend gefragt werden, worin die Teilprobleme bestehen und von welchem Ansatzpunkt das Problem oder die Teilprobleme „geknackt" werden können. Weiter können schon erkannte und sollen mögliche alternative Lösungsrichtungen und schon entstandene Ideen sachkundig, umsichtig und weitsichtig abgehoben werden. Es soll auch überlegt werden, ob eine Widerspruchslösung oder eine Kompromisslösung geeignet erscheint. Dabei darf das Lösungsfeld nicht vorzeitig und unzulässig eingeschränkt werden.

Diese ersten, alternativen und zum Teil spontanen, intuitiven Lösungsrichtungen und -ansätze sollen in diesem Schritt durch eine Einschätzung bzgl. des angestrebten Neuerungsanspruchs, ihrer Erfolgsaussichten und bzgl. ihrer Eignung für die weitere Bearbeitung untersucht, eingeschätzt und priorisiert werden. Diese Ergebnisse sollen im Blickfeld bleiben oder *können* Bestandteil der erfinderischen oder neuerungsgerechten Aufgabenstellung werden. Sie dürfen jedoch keinesfalls zur *ungewollten* Einschränkung des Lösungsfeldes oder Festlegungen führen.

Arbeitsschritt 9 – Ausarbeiten der innovativen Aufgabenstellung

Die innovative Aufgabenstellung muss konzentriert und prägnant ausgerichtet sein auf die Findung von niveauvollen erfinderischen oder neuerungsgerechten Ideen bzw. Konzepten für die Problemlösung.

Die Darstellungen des Problems und des Widerspruchs nach Arbeitsschritt 7 und eventuell attraktive Ergebnisse zur Lösungsrichtung nach Arbeitsschritt 8 sind die Grundlage und der fachlich-inhaltliche Kern für die zu erarbeitende erfinderische oder neuerungsgerechte Aufgabenstellung.

Sie wird für den Problemlösungsprozess deutlich instruktiver und „sauber",

- wenn sie frei von falsch oder ungünstig gestellten Zielen, von „vergifteten" Vorgaben, Einschränkungen, Vorbehalten sowie frei von veraltetem und begrenzendem Gedankengut ist

- und wenn es gelingt, eine Orientierung mit einer anspruchsvollen Zielsetzung und Neuheit, attraktiven Innovationschancen und einer realistischen Umsetzbarkeit unter Beachtung der *zwingenden* Rahmenbedingungen herauszuarbeiten. Dabei ist progressiv zu prüfen, was zwingend ist.

Die innovative Aufgabenstellung muss sich besonders auf den fachlich-inhaltlichen Kern konzentrieren. Die Ausarbeitung der Details des weiteren Vorgehens muss an dieser Stelle nicht abschließend erfolgen, wenn eine anschließende Problem-Aufbereitung und Präzisierung geplant ist.

Beim Erarbeiten der erfinderischen Aufgabenstellung soll weiterhin abgeschätzt werden, welche Ansprüche an die Lösung gestellt werden und welche Aufgabenart angemessen ist, z.B.

- ob für bekannte Konzepte oder Lösungsprinzipien durch verbesserte oder neue Teilsysteme oder durch neue Kombinationen, Kopplungen und Anordnungen der Teilsysteme oder Elemente innovative, z.B. patentfähige Lösungen erreichbar erscheinen, um damit in den Problem-Lösungs-Prozess zu gehen.

- ob völlig neue, noch nie dagewesene Neuerungen entwickelt werden müssen, wenn die bekannten oder analoge Prinzipien bezogen auf das neue Anforderungsprofil keine progressive Entwicklung erkennen lassen bzw. am Ende ihrer Entwicklungsfähigkeit sind.

- ob mit einer konstruktiven Änderung der Zielkenngrößen bzw. des Anforderungsprofils eine innovative Lösung des Problems durch Optimieren oder neue Kombinationen bekannter oder analoger Systemlösungen als Kompromiss-Lösung besser möglich erscheint.

- ob Umgehungslösungen notwendig oder möglich sind, z.B. durch Änderungen im übergeordneten System oder durch neue Nutzungsaspekte.

Die innovative Aufgabenstellung sollte zusammenfassend je nach erreichtem Arbeitsstand enthalten:

- Die Darstellung des Problemsachverhaltes, der eingetretenen Veränderung, der erwarteten Trends, der Bedürfnisse und Aspekte, die der Anlass für die Problembearbeitung sind, sowie die Entstehungsgeschichte des Problems.

- Die Problemformulierung und explizit die Erkenntnisse zum Widerspruch gemäß Arbeitsschritt 7.

- Den Zweck, die Funktionen, den Nutzen, die Eigenschaften, Wirkungen und Nebenwirkungen der angestrebten Lösung. Eventuell auch die Teilsysteme, Stoffe, Parameter, die betroffen sind und verändert, nicht verändert, verbessert, verhindert, ersetzt werden müssen.

- Den Ist-Zustand, mit dem Bekannten, dem Wissen zum Objektbereich, dem Stand von Wissenschaft und Technik sowie den Trends, Prognosen und Entwicklungspotenzialen.

- Die priorisierten Lösungsrichtungen für die Problemlösung.

- Die prägnante Fassung der zu lösenden Teilprobleme und Widersprüche.

- Das Vorgehen und die grundlegenden Pflichten für die folgenden Stufen und Phasen.

5.2. Prozess-Stufe 2: Problem- und Aufgaben-Präzisierung-Prozess

5.2.1. Die Notwendigkeit für das Ableiten, Analysieren, Präzisieren und Aufbereiten der Aufgabenstellung

Die Aufgabenstellung für den Innovationsprozess enthält, je nach Vorarbeit, explizit oder potenziell das zu lösende Problem. Demnach enthalten solche Aufgabenstellungen einerseits im Ansatz den Rahmen, die Zielsetzungen und eventuell auch im „Keim" schon den Ansatz für das Neue, Originelle, Einmalige und Nützliche. Andererseits ist das Neue unbekannt und folglich nur bedingt klar, konkret und eindeutig. Das ist das „innere Dilemma" einer kreativen, innovativen Aufgabenstellung.

Folglich sind Aufgabenstellungen, wenn die Prozess-Stufe 1 nicht oder nicht hinreichend gründlich und kreativ vollzogen wurde, erfahrungsgemäß für anspruchsvolle Problem-Lösungen in der Praxis anfänglich nicht ausgereift, präzise und nicht selten bzgl. des Innovationsanspruchs „vergiftet".

In der Praxis haben gegebene Aufgabenstellungen auf Grund dieses „inneren Dilemmas" und aus dem Geschehen der Praxis resultierend eine sehr unterschiedliche Qualität, Ausprägung und Eignung. Sie sind für einen erfolgreichen, effizienten, innovativen Problem-Lösungsprozess in der Regel *nicht reif*, da sie

- zu wenig klar, mehrdeutig, unvollständig, lückenhaft, nicht hinreichend fundiert sind,

- zu enge oder ungünstige Zielsetzungen haben,

- zu wenig progressiv und zu starr am Alten festhalten,

- zu wenig die Widersprüche oder Hindernisse bzgl. ihrer Wirkungen und Ursachen erkennen lassen,

- den Kern des Problems nicht hinreichend treffen,

- zu wenig die Wechselwirkungen zum Umfeld einbeziehen,

- bzgl. ihrer Machbarkeit und Zweckmäßigkeit nicht ausreichend durchdacht sind oder

- spontan, übereilt, intuitiv anstatt gründlich methodisch-systematisch erarbeitet wurden.

Solche Aufgabenstellungen dürfen also nicht unbesehen hingenommen werden. Ohne gründliche, methodisch fundierte Analyse zur Klärung, Präzisierung und Aufbereitung der Aufgabenstellung werden die zu geringe erfinderische oder ungünstige Orientierung, ihre große „Enge", Fehler und Schwächen der Aufgabenstellung oft erst spät im weit fortgeschritten Arbeitsprozess erkannt. Ungestümes, übereiltes Handeln, spontanes, sprunghaftes und planloses Vorgehen bei der Vorbereitung des Problemlösungs-Prozesses bewirken z.B.,

- dass die Lösungen zu wenig innovativ, attraktiv oder optimal sind,

- dass sie Fehler enthalten oder unbrauchbar sind,

- dass Terminverzögerungen entstehen oder ein Themenabbruch erforderlich wird oder

- dass eine Kostenexplosion in den Folgeprozessen des Innovationsprozesses verursacht wird.

In diesem Sinne sind das Klären und Präzisieren von Problem- und Aufgabenstellung ein für den Erfolg entscheidender Teil des Problem-Bearbeitungs-Prozesses.

In der gängigen Literatur stehen diese Prozess-Stufen und die für sie wichtigen methodisch-systematischen Denk- und Arbeitsweisen gegenüber den Kreativitätstechniken zur Ideenfindung deutlich im Hintergrund. Der notwendig erhöhte Aufwand für die gründliche Analyse der Aufgabenstellung ist für die Effizienz des Problem-Bearbeitungs-Prozess sehr nützlich, weil Fehler oder Schwächen in der Aufgabenstellung, die erst im Problem-Lösungs-Prozess erkannt werden, wesentlich größeren Schaden bewirken.

5.2.2. Ziel, Gegenstand und Struktur des Problem- und Aufgaben-Präzisierungs-Prozesses

Ziel dieser *Prozess-Stufe 2* ist es, aus der gegebenen Aufgabenstellung mit der in ihr enthaltenen Problemstellung eine *präzisierte, gut aufbereitete Aufgabenstellung* zu entwickeln und danach aus den gewonnenen Informationen und Sichtweisen eine abstrahierte Aufgabenstellung, z.B. in Form einer Suchfrage, wenn schon möglich, abzuleiten. Damit kann eine fundierte Basis für den Problem-Lösungs-Prozess gewonnen werden. Der Begriff *Präzisieren der Aufgabenstellung* soll im Folgenden zusammenfassend zur Vereinfachung das Ableiten, Analysieren, Präzisieren und Aufbereiten der Aufgabenstellung einschließlich der Lösungswegplanung umfassen.

Dieser Präzisierungsprozess ist in vereinfachter Form durch die *Arbeitsstufen 1 bis 8* gemäß Bild 8 darstellbar:

1. Bedarf und Problem klären, Aufgabenstellung ableiten bzw. prüfen bzgl. Ursprung, Bedürfnis, Notwendigkeit, Zweckmäßigkeit.

2. Einordnung des Problems und der Aufgabenstellung in das Ganze, d.h. in das übergeordnete System oder Obersystem.

3. Zielsetzung und Anforderungsprofil präzisieren bzgl. Anspruch, der geforderten Wirkung, der Klarheit, Lösbarkeit und Realisierbarkeit.

4. Ist-Stand analysieren sowie bekannte oder ähnliche Systemlösungen identifizieren und analysieren bzgl. ihrer Eignung als Ausgangspunkt für die Problemlösung.

   Trend, Perspektiven, Potenzial für die zukünftige Entwicklung abschätzen, etwa Verfahren „S-Kurve" nutzen, siehe [4].

5. Defekte (Widersprüche, Hindernisse, Schwachstellen) ermitteln, analysieren, präzisieren.

6. Teil-Aufgabenstellungen, die zur Lösung des Problems bearbeitet werden müssen, durch das Zerlegen der Gesamtaufgabenstellung erkennen, präzisieren und ordnen.

7. Lösungsweg planen, z.B. mit einem Operationsplan, Arbeitsplan, Pflichtenheft.

8. Lösungsrichtungen abheben, die in den Prozess-Stufen 1 und 2 erkannt wurden. Vorliegende Informationen für das Gewinnen der Suchfrage für die Problemlösungs-Stufe 3 als abstrahierte Aufgabenstellung verdichten.

Die Arbeitsstufen 1 bis 7 werden durch 12 Arbeitsschritte gemäß Bild 9 weiter detailliert.

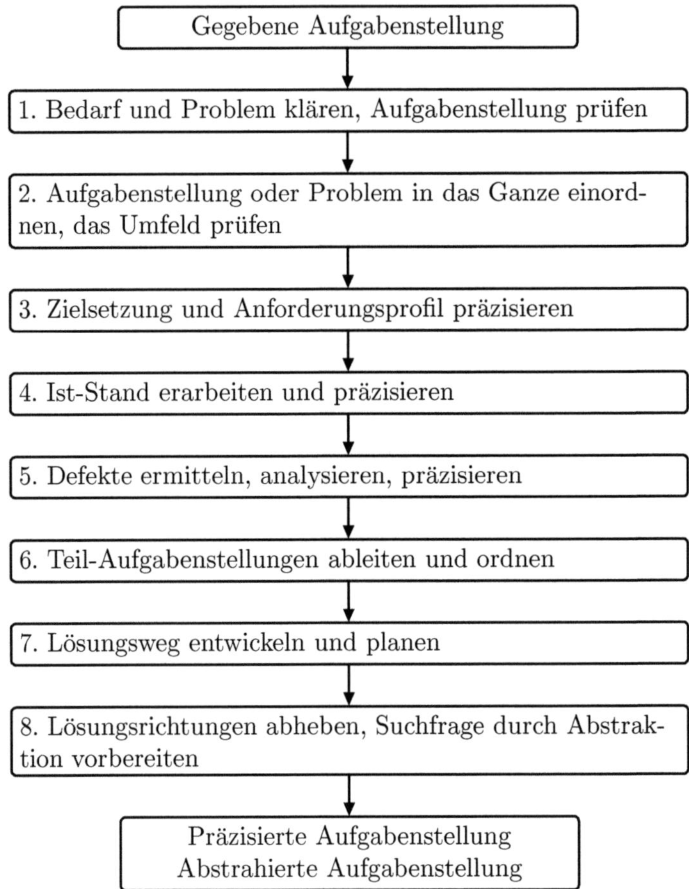

Bild 8: Arbeitsstufen des Problem- und Aufgaben-Präzisierungs-Prozesses

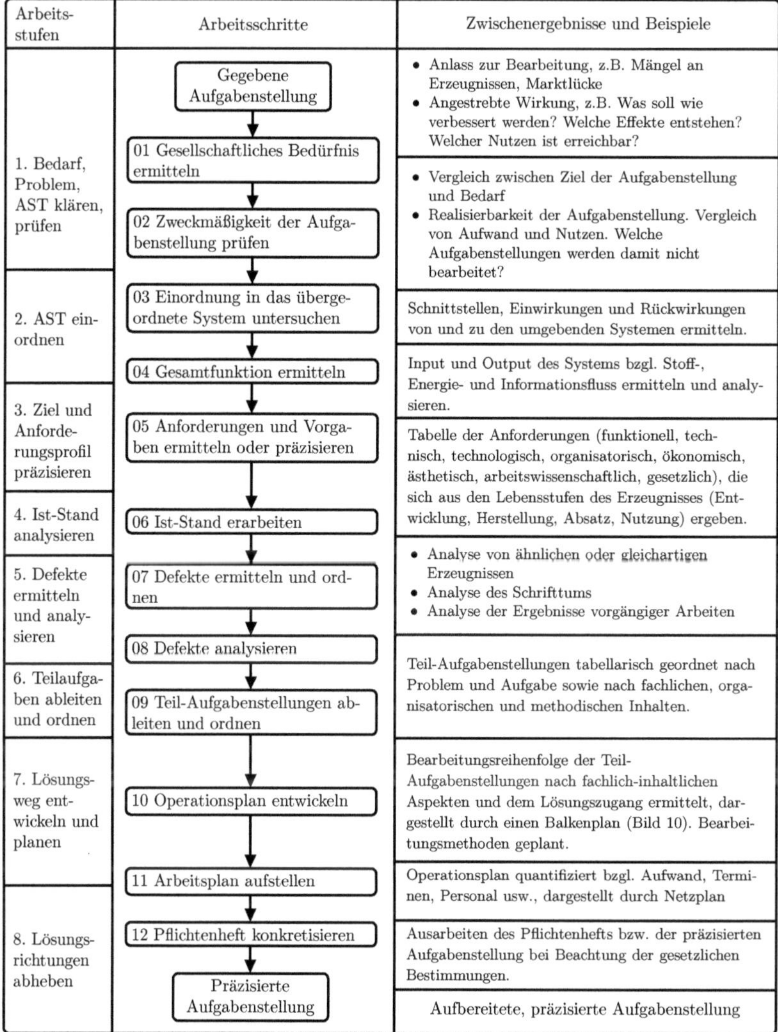

Bild 9: Arbeitsschritte für die Arbeitsstufen 1 bis 7 mit Bei-spielen für Zwischenergebnisse für den Problem- und Aufgaben-präzisierungs-Prozess

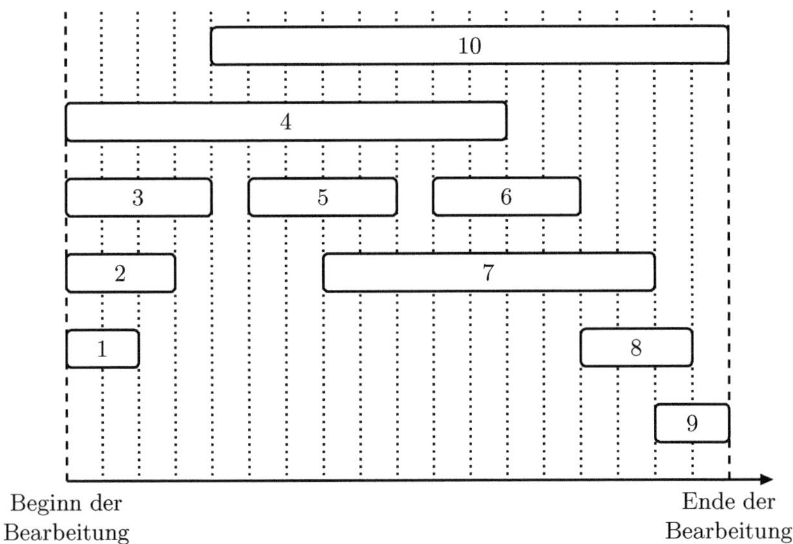

Bild 10: Darstellung des Operationsplans durch einen Balkenplan (1 ... 10 sind die Nummern der Teil-Aufgabestellungen)

5.2.3. Quellen für die gegebene Aufgabenstellung

Ausgangspunkt für das Präzisieren der Aufgabenstellung im Problem- und Aufgaben-Präzisierungs-Prozess ist die _gegebene Aufgabenstellung_. Sie kann resultieren

- aus den Ergebnissen einer systematischen Analyse zur Problemerkennung und Aufgabenfindung entsprechend der Prozess-Stufe 1 „Problemerkennung"

- oder direkt aus dem vielfältigen Geschehen der unterschiedlichsten Anlässe, Gegebenheiten und Situationen in der Praxis.

Nach einer gründlichen Problemermittlung in Prozess-Stufe 1 gemäß Abschnitt 5.1, in der eine hochwertige erfinderische oder neuerungsgerechte Aufgabenstellung erarbeitet wurde, ist der Aufwand für das Aufbereiten und Präzisieren der Aufgabenstellung relativ niedrig. Auch in diesem Fall sollten jedoch die Arbeitsstufen gemäß Bild 8 bearbeitet werden, da in der Regel

- für die Lösungsrichtung, den Lösungsansatz noch nicht endgültig priorisierte Alternativen vorliegen müssen,

- die Aufgabenstellung detaillierter und konkreter analysiert, präzisiert und geplant werden sollte,

- aktuell oft neue Sichtweisen, Aspekte, Vorgaben, Erkenntnisse, Erfahrungen hinzukommen können, z.B. durch neue Teammitglieder,

- das Problemfeld sich auf Grund neuer Erkenntnisse verändert haben kann oder das Ganze noch nicht umfassend analysiert wurde.

Wenn die Aufgabenstellung unbesehen aus dem vielfältigen Geschehen der Praxis resultiert, dann ist eine gründliche Klärung, Analyse, Präzisierung und Aufbereitung geboten. In den Arbeitsstufen zum Präzisieren der Aufgabenstellung ist die Problemanalyse zum Erkennen und Präzisieren der zu lösenden Probleme integriert, vor allem mit der sogenannten Defektanalyse in Arbeitsstufe 5. Hierzu gelten in diesem Fall dann auch die methodischen Hinweise für Prozess-Stufe 1.

5.2.4. Methodisches Vorgehen im Aufgaben-Präzisierungs-Prozess mit den Arbeitsstufen 1 bis 8

Für diese, den Erfolg und die Effizienz des Lösungsprozesses maßgeblich prägende Prozess-Stufe 2 ist ein schrittweises, bewusstes, methodisch-systematisches Vorgehen notwendig. Das gilt besonders für komplexe Problem- und Aufgabenstellungen, wie sie in der Praxis vorliegen bzw. entstehen. Für die vertiefte Darstellung des methodisch-systematischen Vorgehens werden die Arbeitsstufen 1 bis 7 von Bild 8 zur Detaillierung und Konkretisierung in Bild 9 durch die Arbeitsschritte 01 bis 12 untersetzt und durch Beispiele für typische Zwischenergebnisse ergänzt. Vertiefend werden bei der Darstellung der Arbeitsstufen 1 bis 8 methodische Hinweise gegeben sowie heuristische Prinzipien, Regeln und Erfahrungen diskutiert.

Die Darstellung in Bild 9 und die methodischen Hinweise beziehen sich mit den verwendeten Begriffen vor allem auf technisch-wissenschaftliche Aufgabenstellungen. Dieses Vorgehen ist jedoch verallgemeinerungsfähig. Es ist in den letzten 50 Jahren für Aufgabenstellungen aller Art aus der Praxis für die Praxis in großer Breite und Vielfalt sehr erfolgreich genutzt worden. Das gilt uneingeschränkt für die verschiedensten Aufgabenklassen, Anwendungsbereiche und Disziplinen. Besonders bedeutende Effekte konnten für komplexe Aufgabenstellungen erreicht werden, die in interdisziplinärer Teamarbeit bearbeitet wurden.

Arbeitsstufe 1: Bedarf und Sachverhalt erfassen, Problem analysieren und gegebene Aufgabenstellung prüfen

Das *Analysieren, Klären und Prüfen* der gegebenen Aufgabenstellung soll durch eine kritisch-progressive Analyse der Gegebenheiten und Ergebnisse des Aufgabenfindungsprozesses bzw. der gegebenen Aufgabenstellung und der damit verbundenen Problemstellung vollzogen werden. Sie soll erfolgen aus der Sicht des Auftraggebers, des Auftragnehmers und des Bearbeiter-Teams in der aktuellen Situation durch gründliches Studieren, Analysieren, Recherchieren, Verstehen, Vergleichen und Einschätzen. Hierzu sind in Bild 9 die Arbeitsschritte 01 und 02 vorgesehen.

Für das *Klären des Bedarfs* der mit der Aufgabenstellung zu erfüllenden Bedürfnisse und des Problems ist zu fragen nach

- dem Anlass, dem Ursprung, der Notwendigkeit und der Dringlichkeit für die Problembearbeitung,
- den Bedürfnissen, dem Bedarf, den Trends, den entstandenen Veränderungen und Abweichungen,
- der gegebenen Zielsetzung, den Anforderungen, Restriktionen und Vorgaben,
- den aktuell erkannten Defekten (Widersprüche, Hindernisse, Schwächen, Mängel, Lücken), die zu lösen sind,
- sowie der angestrebten Wirkung und dem erwarteten Nutzen.

Für *Aussagen zur Zweckmäßigkeit* der Aufgabenstellung (Schritt 02) ist weiterhin in einem ersten Durchlauf progressiv und vorausschauend abzuschätzen,

- ob die Aufgabenstellung vollständig und eindeutig ist und die notwendige Bedeutung im Gesamtrahmen hat,
- ob das angestrebte Niveau der Problemlösung den Bedürfnissen entspricht,
- ob unter den vorstellbaren Bedingungen die Machbarkeit (Lösbarkeit, Umsetzung, Aufwand, Zeit) passen könnte,
- ob mit anderen laufenden oder geplanten Projekten eine Abstimmung notwendig erscheint oder ob an ähnlichen Projekten gearbeitet wird.

In dieser Arbeitsstufe ist außerdem abschließend zu klären, ob das Bearbeiter-Team optimal zusammengesetzt ist, d.h. auch, ob weitere

Mitarbeiter oder interdisziplinäre Experten sofort oder im Verlauf des Bearbeitungs-Prozesses ganz oder zeitweise hinzugezogen werden sollen.

Arbeitsstufe 2: Aufgabenstellung oder Problem einordnen in das Ganze, in das übergeordnete System

Das Ganze ergibt sich aus der engeren und weiteren Umgebung des betrachteten Systems, für das die Neuerung generiert werden soll. Das Ganze kann durch das so genannte „übergeordnete System" („Obersystem", „Stakeholder") dargestellt werden, in dem alle relevanten Systeme, Einflussgrößen und Interessen der Umgebung erfasst und bzgl. ihrer Wechselwirkungen analysiert werden (Bild 11).

Die *Einordnung in das Ganze* wird erreicht, indem die Schnittstellen des betrachteten Systems, das die Neuerung betrifft, bzgl. ihrer *wechselseitigen Wirkungen und Einwirkungen* zum übergeordneten System markiert und untersucht werden. Dabei kann eine klare Abgrenzung durch die Definition der Schnittstellen des betrachteten Systems zur Systemumgebung gewonnen werden. Das ist in der Praxis oft ein vernachlässigter Schritt mit unter Umständen gravierenden Folgen.

So wird z.B. auch untersucht, welche Auswirkung die angestrebte Neuerung für die benachbarten Systeme haben könnte und welche Restriktionen durch die Umgebung relevant sind. Es kann an dieser Stelle auch erneut gefragt und erkennbar werden, ob durch Änderungen im übergeordneten System eine Umgehungsaufgabe günstiger und mit besserem Ergebnis lösbar ist oder welche Unverträglichkeiten die angestrebte Neuerung im übergeordneten System bewirken kann.

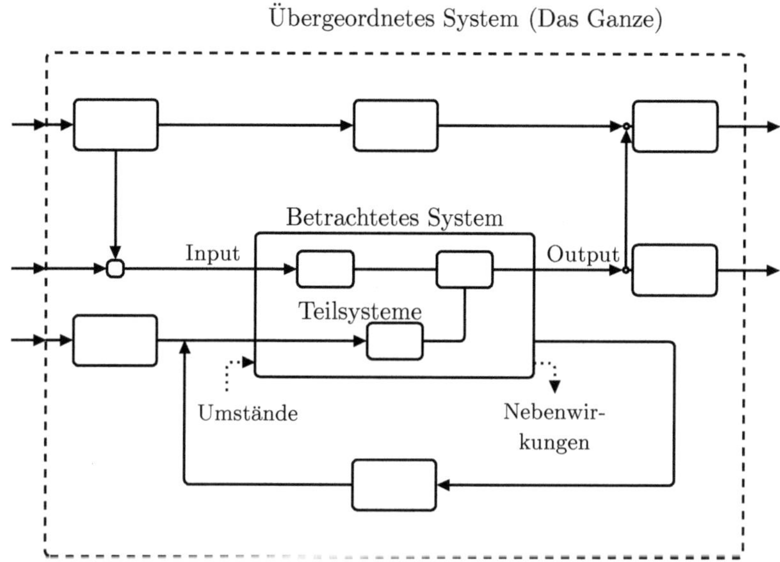

Bild 11: Einordnung des betrachteten Systems in das übergeordnete System (synonyme: Obersystem; Umfeld; das Ganze)

Der Schritt der Einordnung des zu entwickelnden Systems in das übergeordnete System ist im erweiterten Sinn auch relevant

- für die Ermittlung des Anforderungsprofils bezogen auf die Prozesse zur Herstellung, Markteinführung, Nutzung und der Behandlung des Systems nach dem Nutzungsende, z.B. Recycling (siehe hierzu auch die Black-Box-Analyse unter Arbeitsstufe 4),

- aber auch für den Entwicklungsprozess der Systemlösung selbst.

Arbeitsstufe 3: Zielsetzung und Anforderungsprofil präzisieren

Das Präzisieren der Zielsetzung ist die *Fortsetzung und Vertiefung* der diesbezüglichen Arbeiten und Ergebnisse in den Arbeitsschritten 1 und 2 des Problemerkennungs-Prozesses (Bild 6) auf einer konkreteren Ebene mit direkterer Lösungsorientierung. Im Mittelpunkt dieser Arbeitsstufe stehen die Ermittlung der Zielinformationen und des Anforderungsprofils, welche die Lösung in allen Lebensstufen des zu entwickelnden Systems erfüllen soll.

Zielinformationen für das Präzisieren der Zielsetzung

1. Zielinformationen zum zu entwickelnden Objekt oder System:

- Art, Zweck, Nutzen des zu entwickelnden Objekts oder Systems bzw. der Problemlösung,

- Funktionsbeschreibung der angestrebten Systemlösung durch die stofflichen, energetischen, informationellen Inputs und Outputs sowie der raumbezogenen, wirtschaftlichen, sozialen oder humanen Aspekte. Dabei sind die Schnittstellen und Wechselwirkungen zwischen dem betrachtetem System und den Systemen und Einflussgrößen der Umgebung einzubeziehen (siehe übergeordnetes System).

- Anforderungsprofil (Anforderungen, Vorgaben, Restriktionen, Umstände, Nebenwirkungen), das für das zu entwickelnde System im Nutzungsprozess und den nachfolgenden Lebensstufen des Innovationsprozess (Bild 1) gelten soll bzw. zu berücksichtigen ist.

2. Zielinformationen für den Entwicklungsprozess des Objektes:

- Inhalt, Umfang, Qualitätsmerkmale, Darstellung für das Ergebnis des Entwicklungsprozesses.
- Anforderungen, Vorgaben, Umstände für den Entwicklungsprozess, z.B. zu Kosten, Terminen, Personal, Kapazitäten, Verfügbarkeiten, Nebenwirkungen, Darstellungsweise der Ergebnisse.

Das Anforderungsprofil

Das Anforderungsprofil soll hier, ausgehend von den Ergebnissen des Arbeitsschrittes 6 im Abschnitt 5.1 „Ermittlung der Sollkenngrößen", weiterentwickelt und präzisiert werden. Für neuerungsgerechte oder erfinderische Aufgabenstellungen sind vor allem hohe, attraktive Ziele mit einem anspruchsvollen Anforderungsprofil für innovative Lösungen zu stellen. An dieser Stelle und auch später in der Lösungsphase ist das Variieren durch Zuspitzen oder Abschwächen des Anforderungsprofils in dem Variationsfeld nach Bild 7 cin schr wichtiger Schritt zum Finden einer anspruchsvollen Zielsetzung mit großem Neuheits- und Erfüllungsgrad, aber auch vorausschauend mit nicht illusorischen Lösungs- und Umsetzungschancen.

Die Anforderungen und Vorgaben sind gemäß Arbeitsschritt 05 in Bild 9 für alle Lebensstufen des Innovationsprozesses zu ermitteln und sollen alle relevanten Aspekte (z.B. funktionelle, technische, organisatorische, gesetzliche Aspekte) erfassen. Sie sind auf ihre Wirkung, Ursachen, äußeren und inneren Widersprüche und Wechselwirkungen, Verträglichkeit und Bedeutung zu untersuchen und nach ihrer Rangfolge zusammenzustellen. Hierbei ist zu entscheiden, welche Anforderungen zwingend zu erfüllen sind und welche möglichst beachtet werden sollen oder nur Wünsche darstellen.

Arbeitsstufe 4: Ist-Stand erarbeiten und analysieren

Recherchen und Analysen für den Ist-Stand

Mit dem Erarbeiten des Ist-Standes soll durch Recherchen und Analysen bestimmt werden, was zum Lösen des Problems gegeben, vorhanden, bekannt, fraglich ist, wovon ausgegangen werden kann, was fehlt und berücksichtigt werden muss und welche Trends, Perspektiven und Entwicklungspotenziale erkennbar sind.

Wenn eine gründliche Problemanalyse zur Problemerkennung und Aufgabenfindung vorausgegangen ist, werden die Ergebnisse vor allem aus den Arbeitsschritten 1 und 3 bis 6 der Prozess-Stufe 1 (Bild 6) aufgenommen, verinnerlicht, kritisch verarbeitet und in aktueller Bearbeitungssituation ergänzt und präzisiert. Sollte keine oder eine unzureichende Problemermittlung und Aufgabenfindung vorher erfolgt sein, so sind umfassende und vertiefte Recherchen und Analysen notwendig.

Mit den *Recherchen zum Ist-Stand* sind bekannte oder ähnliche Systemlösungen zu identifizieren und das Schrifttum, die Patentliteratur, Standards, Gesetze, Lösungskataloge, Trends, Potenziale, die Marktsituation und der Weltstand zum Objektbereich auszuwerten (siehe Arbeitsschritt 06 in Bild 9).

Mit der *Analyse des Ist-Standes* werden die bekannten und ähnlichen Systeme, Patente sowie Erkenntnisse aus der Fachliteratur mit dem Ziel untersucht, das Wissen und den Erkenntnisstand verfügbar zu machen und den Ausgangspunkt für die Lösungsfindung zu gewinnen. Für diese Analysen eignen sich die Black-Box-Analyse, Systemanalyse, Funktionswertfluss-Analyse und die fehlerkritische Analyse [21, 33, 35, 49].

Die Black-Box-Analyse

Die Black-Box-Analyse ist in diesem Arbeitsschritt oft vorteilhaft. Mit ihr werden die für den Innovationsprozess relevanten Betrachtungsbereiche und Prozesse als Systeme mit dem allgemeingültigen Frageschema gemäß Bild 12 ganzheitlich analysiert. Zu analysieren sind die folgenden Prozesse und Betrachtungsbereiche [26],

- in denen die entwickelte Problemlösung realisiert werden soll (Realisierungsprozess),

- in denen die realisierte Problemlösung genutzt werden soll (Nutzungsprozess),

- die dem Nutzungsprozess vorgelagert, nachgelagert sind oder parallel zu ihm verlaufen,

- in denen die Ergebnisse des Nutzungsprozesses verwendet oder benötigt werden.

Bei der Analyse dieser Betrachtungsbereiche ist bei komplexen Problemstellungen für jeden Betrachtungsbereich zu fragen nach

- Eingangsgrößen (E),

- Ausgangsgrößen (A),

- Umständen (U),

- Nebenwirkungen (N),

- den zu erfüllenden Anforderungen und

- nach dem Verfahren bzw. der Operationsfolge und der Zustandsfolge für die Transformation von E nach A sowie

- nach den Einwirkungen (Operatoren) und Mitteln, mit welchen die Operationen und Zustandsänderungen realisiert werden sollen (Bild 12 und 16).

Wichtige Informationen und Erkenntnisse können mit dieser Analyse sowohl zum Ist-Zustand als auch zum Soll-Zustand gewonnen werden. In [21] und [26] ist dieses Vorgehen detailliert dargestellt. Bei einfacheren Problemstellungen kann mit den bekannten sieben W-Fragen vereinfacht gearbeitet werden [49]. Siehe auch weiter oben die fünf W-Fragen.

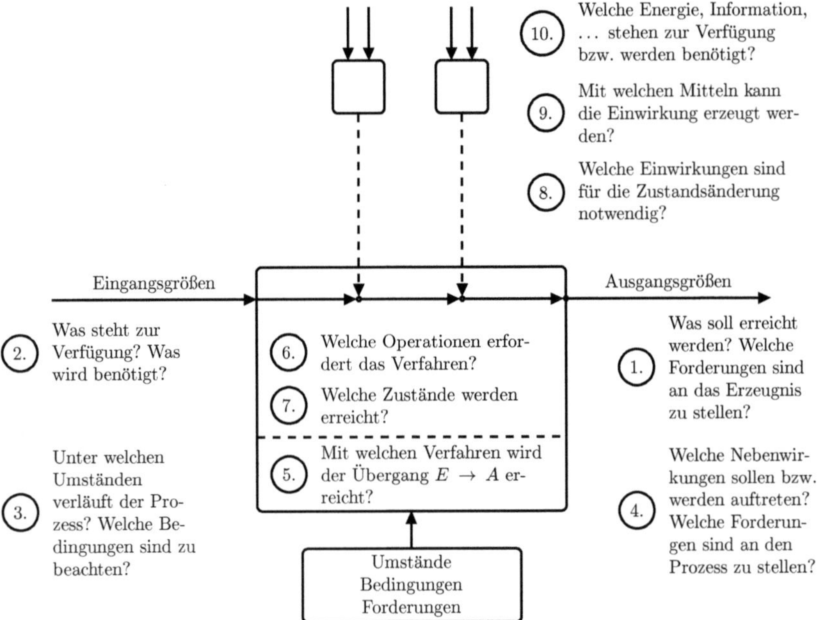

Bild 12: Frage-Schema für das systematische Analysieren der Betrachtungsbereiche beim Präzisieren von Aufgabenstellungen

Die Ergebnisse der Analyse und Recherche ermöglichen das tiefere Verstehen des Problems, das Erkennen und systematische Darstellen vorhandener, bekannter oder analoger Strukturen, von denen ausgegangen werden kann, ihrer Funktion und Wirkungsweise, ihren Merkmalen, Kenngrößen sowie der für sie geltenden Anforderungen und Restriktionen. Sie können die Defektanalyse und damit die Widerspruchsanalyse sowie die Bildung von Teilaufgaben fachlich fundiert vorbereiten.

Arbeitsstufe 5: Defekte ermitteln, analysieren, präzisieren

Das Erkennen, Analysieren und Präzisieren der Defekte (siehe die Definition *Defekt* im Abschnitt 5.1.4) ermöglicht das Ableiten der Teil-Aufgabenstellungen, die im Problem-Lösungs-Prozess gelöst werde müssen. Für das Ermitteln der Defekte wird ausgegangen von der Defektermittlung in der Prozess Stufe 1 (Abschnitt 5.1.4) und von den Ergebnissen der Ist-Stands-Analyse im Abschnitt 5.2.4.

Sie wird aktuell durch die Differenzanalyse zwischen der präzisierten Zielsetzung und dem aktuellen Ist-Stand in der Regel konkreter fortgesetzt [26]. Kurz: Es ist ein überschaubares Gesamtbild zu erarbeiten, das sowohl detailliert und umfassend ist als auch den Überblick sichert. Dazu sind nachfolgende Hinweise dienlich.

Mit der Defektanalyse ist zu klären, welche Systemmerkmale (Systemverhalten und -zustand, Funktion, Verfahren (Operationsfolgen), Strukturkomponenten mit ihren Verknüpfungen, Wirkpaarungen, Effekten, Kenngrößen oder Eigenschaften des Systems und der Umgebung) hinsichtlich der Zielsetzung und des Anforderungsprofils in welcher Weise nicht verträglich oder widersprüchlich sind, die Erfüllung der Zielsetzung einschränken oder verhindern, unzulässige oder unerwünschte Effekte oder Wirkungen verursachen.

Davon ausgehend sind die erkannten Defekte (Widersprüche oder Hindernisse sowie Schwachstellen, Lücken, Mängel) detailliert zu strukturieren und zu präzisieren. Es sind ihre Ursachen, Wirkungen, Wirkketten und Zusammenhänge zu klären. Mit diesen Ergebnissen können die Teil-Aufgabenstellungen abgeleitet und präzisiert werden, die zum Erreichen der Zielsetzung zu lösen sind. Wichtig ist es, auch in diesem Schritt die Starkstellen zu erkennen und die eventuell grundlegend unzulässigen Änderungen am System und am Anforderungsprofil zu ermitteln und zu beachten.

Arbeitsstufe 6: Teil-Aufgabenstellungen ableiten und ordnen

Problemorientierte, komplexere Aufgabenstellungen müssen für den fortschreitenden Bearbeitungsprozess zur Vorbereitung der Lösungsphase in *Teil-Aufgabenstellungen* zerlegt werden, die zur Erlangung der Zielsetzung gelöst werden können.

Das Zerlegen der Gesamt-Aufgabenstellung in lösbare Teil-Aufgabenstellungen

Die Gesamt-Aufgabenstellung für die Bearbeitung des Gesamtproblems wird durch die Präzisierung der Defekte so strukturiert und transparent, dass eine Zerlegung in Teil-Aufgabenstellungen gemäß dem *vereinfachten Modell in Bild 13* möglich wird. Dabei können Teil-Aufgabenstellungen entstehen,

- die durch ein *Teilproblem* geprägt sind und für die eine völlig neue Lösung als Problemlösung generiert werden muss, die z.B. eine Widerspruchslösung erfordern (Teil-Aufgabenstellung 3 in Bild 13),
- die Schwachstellen, Lücken, Mängel zum Gegenstand haben und die durch Weiterentwicklung, Verbesserung (z.B. Teilfunktion 3.1)

oder durch die Wiederverwendung (z.B. Teil-Aufgabenstellung 1) bekannter Systemlösungen als *Aufgaben* mit den bekannten Verfahren und dem Wissen der Branche gelöst werden können.

Diese Teilprobleme und Aufgaben werden als Teil-Aufgabenstellungen in einer ersten Präzisierungsstufe aufbereitet. Je nach Charakter und Komplexität der Gesamt-Aufgabenstellung und der Teil-Aufgabenstellungen der ersten Zerlegungsstufe kann es notwendig sein, problemhaltige, noch „zu komplexe" Teil-Aufgabenstellungen in einer weiteren Präzisierungsstufe zu zerlegen und zu präzisieren, z.B. die Teil-Aufgabenstellung 3 in der zweiten Zerlegungsstufe in Bild 13.

Das Zerlegen soll so lange erfolgen, bis überschaubare und in der Lösungsphase bearbeitbar erscheinende Teil-Aufgabenstellungen gebildet sind. Es ist allerdings zu beachten, dass eine weitere Problemzerlegung oft erst in der Problemlösungsphase zweckmäßiger ist, so wie im Modell in Bild 13 bei der Teil-Aufgabenstellung 3.4 skizziert. Für ein geeignetes, erfolgversprechendes Zerlegen soll der Prozess für die Lösung der Teil-Aufgabenstellung und ihre Synthese zur Gesamtlösungen möglichst vorausschauend im Blickfeld sein.

Identifikation und Ordnen der lösungsrelevanten Teil-Aufgabenstellungen

Für komplexe Aufgabenstellungen ist es – wie oben erläutert – typisch, dass nicht alle Teil-Aufgabenstellungen Probleme enthalten und dass die angestrebte Neuerung im Kern durch die innovative Lösung nur einer bzw. weniger Teil-Aufgabenstellungen oder durch neuartige Kombinationen dieser erreichbar ist.

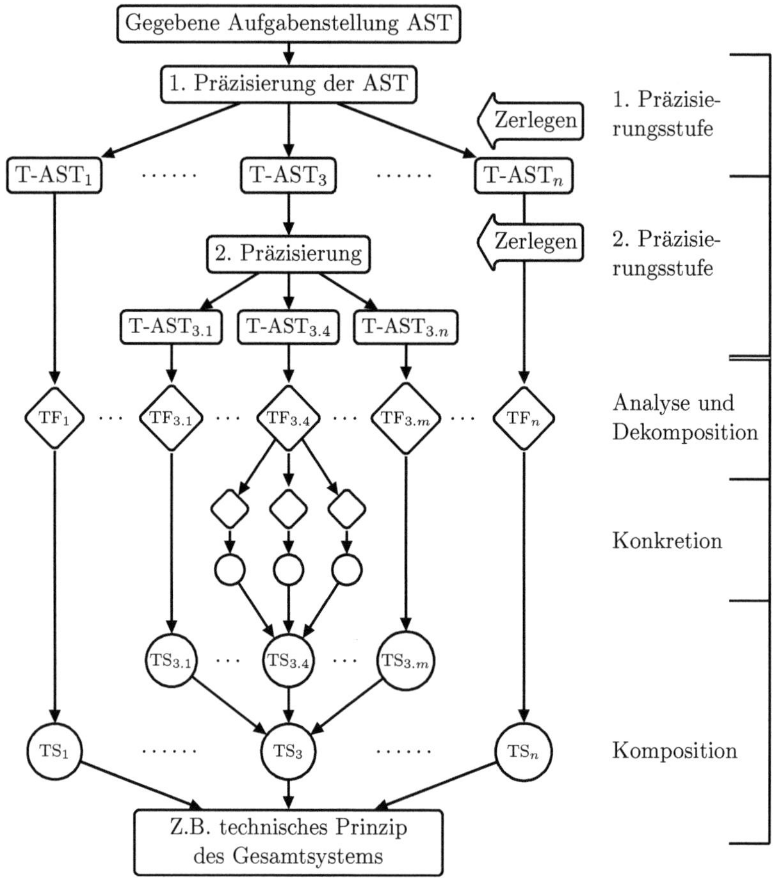

Bild 13: Zerlegen von Aufgabenstellungen in Teil-Aufgabenstellung (Teilprobleme und Aufgaben) und die Dekomposition, Konkretisierung und Komposition im Problem-Lösungs-Prozess

In diesem Sinne sind im Arbeitsschritt 09 in Bild 9 die Teil-Aufgabenstellungen nach ihrer Bedeutung und Wirkung für die Innovation sowie nach fachlichen, organisatorischen und sonstigen Aspekten einzuschätzen und zu ordnen, um für das Vorgehen die Schwerpunkte zu erkennen. Dazu eignet sich z.B. ein Ordnungsschema in Form einer einfachen Tabelle mit Spalten, in denen die Teil-Aufgaben nach den verschiedenen Aspekten aufgelistet werden.

Danach sind diese Teil-Aufgaben in einem ersten groben Ansatz einzuschätzen und zu ordnen nach Problem und einfacher Aufgabe, nach Priorität und dem Lösungszugang, nach dem geschätzten Arbeitsaufwand, den Verantwortlichkeiten und den Terminen. Aus diesen Informationen und dem gewonnenen Überblick lässt sich der Operationsplan und Arbeitsplan fundierter entwickeln.

Das Zerlegen in Teilprobleme und das Bilden der Teil-Aufgabenstellungen erfordern besonders viel Problemlösungsumsicht, schöpferische Orientiertheit, analytisches und vorausschauendes Denken, Flexibilität, aber auch ebenso zwingend Sachkompetenz und interdisziplinäre Teamarbeit. Die Methodenanwendung zur Unterstützung einer methodisch-systematischen Arbeitsweise hat sich bewährt.

Arbeitsstufe 7 – Lösungsweg entwickeln und planen

Die Planung des Lösungsweges hat das Ziel, das geeignete Vorgehen zu konzipieren (Operationsplan), die wirksamsten Methoden für die Arbeitsschritte auszuwählen, den Arbeitsplan für den Problem-Lösungs-Prozess zu erarbeiten und das Pflichtenheft zu erstellen.

Der Operationsplan

Der Operationsplan gemäß Arbeitsschritt 10 in Bild 9 soll den Lösungsweg für die zu bearbeitenden Teil-Aufgabenstellungen und das strategisch-methodische Vorgehen als einen ersten Ansatz liefern und muss dafür folgende Aspekte darstellen und berücksichtigen:

- die fachlich-inhaltliche bedingte Reihenfolge und die Wechselwirkungen der Teil-Aufgabenstellungen,

- die Bedeutung der Teil-Aufgabenstellungen für den Zugang zur Lösung,

- den geeigneten Ausgangspunkt und problemspezifischen Prozessablauf für den Problem-Lösungs-Prozess,

- die Lösungsstrategie, nach der im Lösungsprozess ausgehend vom Prozess-Modell vorgegangen werden soll,

- die geeigneten Methoden für die Arbeitsschritte.

Es wird z.B. damit geklärt und beachtet, welche Teil-Aufgabenstellungen nacheinander oder zeitparallel bearbeitet werden können, welche Schnittstellen relevant sind, welche Teil-Aufgabenstellungen den größten Schwierigkeitsgrad und die meisten Wechselbeziehungen haben und welche für den Zugang zur Lösung am wichtigsten sind. In diesem Schritt sollen auch der erwartete Arbeits- und Zeitaufwand für die einzelnen Teil-Aufgabenstellungen grob abgeschätzt, die geeigneten Arbeitsschritte im Problem-Lösungs-Prozess konzipiert und die heuristischen Methoden abgeleitet werden.

Die Ergebnisse von Arbeitsschritt 10 können grafisch als vereinfachter Balkenplan (Bild 10) bzw. Gantt-Diagramm dargestellt werden. Damit wird mit dem Operationsplan ein erster grober Überblick und Arbeitsansatz als Konzept für den Arbeitsplan gewonnen.

Der Arbeitsplan

Der Arbeitsplan in Schritt 11 soll den Operationsplan konkretisieren und quantifizieren. Dazu sind

- die notwendigen Aktivitäten, Arbeitsschritte und die angestrebten Zwischenergebnisse für die Strukturierung eines Netzplans konkret zu ermitteln

- und der erwartete Aufwand, der Arbeitskräftebedarf, die notwendige materiell-technische Basis, der Zeitplan, die erwarteten Kosten und die Verantwortlichkeiten so weit wie möglich vorausschauend abschätzend zu erarbeiten.

Hier geht es um eine orientierende Grobplanung, die im Lösungsprozess bei Bedarf durch eine Feinplanung „fließend" präzisiert und vertieft werden kann. Mit diesem Arbeitsplan kann die Kontrolle der Zwischenergebnisse sowie die laufende Aktualisierung der Vorgehensweise und aller Planungsdaten unterstützt werden. Für die Umsetzung sind die Methoden des Projektmanagements nutzbar.

Pflichtenheft

Das Pflichtenheft kann mit den bisher gewonnenen Daten und den relevanten Richtlinien der verschiedenen Fachgebiete erstellt werden und sollte vor Beginn jedes Problem-Lösungs-Prozesses vorliegen. Mit dem Pflichtenheft ist die präzisierte Aufgabenstellung umfassend geklärt, präzisiert und beschrieben.

Dieser am Anfang als groß empfundene Aufwand ist eine sehr wirksame „Investition" für die Effizienz und die Ergebnisqualität des gesamten Problem-Bearbeitungs-Prozesses. Diese These hat sich in der Praxis hundertfach bestätigt.

Nachdem in der Problem-Aufbereitungs-Phase sehr detailliert und konkret gearbeitet wurde, müssen nun zur Vorbereitung des Lösungsprozesses die Kerninformationen für die Lösungsfindung verdichtet werden.

Arbeitsstufe 8 – Lösungsrichtung abheben, Suchfrage für die Lösungsfindung vorbereiten

Zum Abschluss der Problem- und Aufgaben-Präzisierung in Stufe 2 sollte vom Bearbeiter-Team der Erkenntnisstand zur Vorbereitung der Problemlösungs-Stufe 3 als abstrahierte Aufgabenstellung gemäß Bild 8 Arbeitsstufe 8 und Bild 4, Zwischenergebnis Z_2 verdichtet werden. Dafür sollen ausgehend vom Arbeitsstand und den aktuellen Möglichkeiten dargestellt werden:

- Die Lösungsrichtungen und Lösungsideen, die sich in den Prozess-Stufen 1 und 2 ergeben haben bzw. erkennbar wurden.

- Die bekannten oder ähnlichen Systemlösungen, die als Ausgangspunkt für das Finden der gesuchten Problemlösung geeignet erscheinen. Zum Gewinnen des Ausgangspunktes sollen diese Systemlösungen gemäß der Entwicklungsstufen 1 bis 7 in Bild 14 sowie Bild 17, linke Spalte schrittweise abstrahiert werden, bis ein Lösungsansatz erkennbar wird.

- Die Verdichtung der gewonnenen Informationen zur Formulierung der Suchfrage.

5.3. Prozess-Stufe 3 – Der innovative Problem-Lösungs-Prozess

5.3.1. Struktur und Merkmale des kreativen Problem-Lösungs-Prozesses

Die Struktur des Problem-Lösungs-Prozesses

Die Struktur bzw. der Ablauf für den Problem-Lösungs-Prozess wird durch Phasen, Entwicklungsstufen, Arbeitsschritte, Zwischenergebnisse, heuristische Methoden und Prinzipien dargestellt werden.

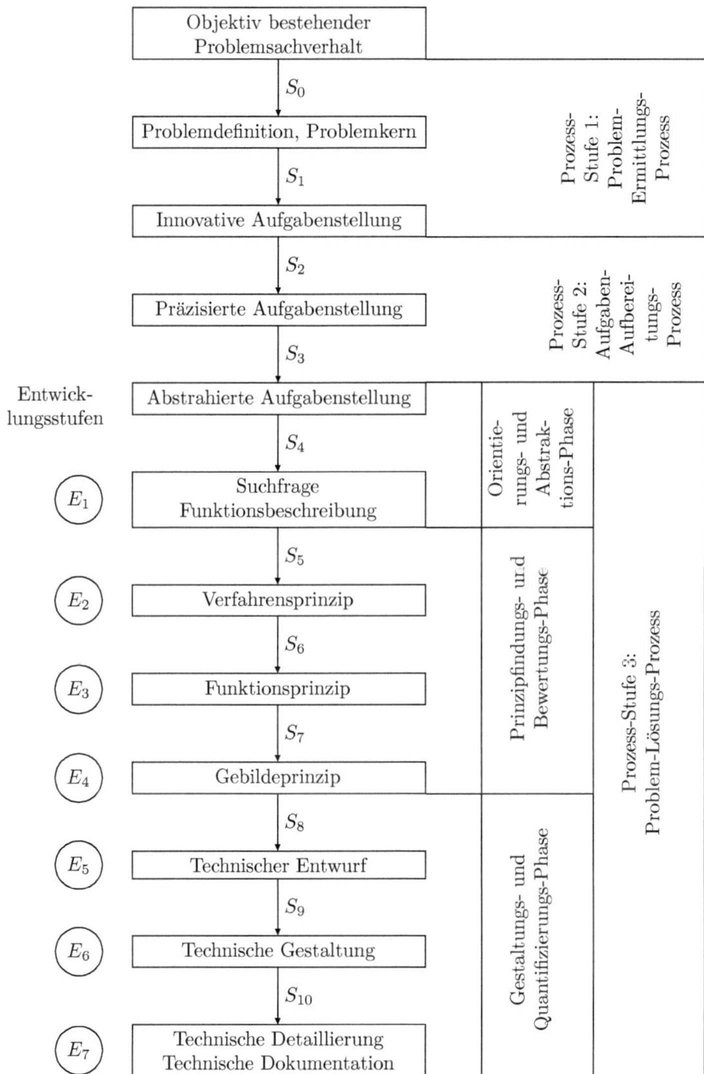

Bild 14: Der Problem-Bearbeitungs-Prozess mit den Schritten S_0 bis S_4 vom Konkreten zum Abstrakten in den Prozess-Stufen 1 und 2 sowie mit den Entwicklungsstufen E_1 bis E_7 bzw. den Schritten S_5 bis S_{10} vom Abstrakten zum Konkreten in der Prozess-Stufe 3

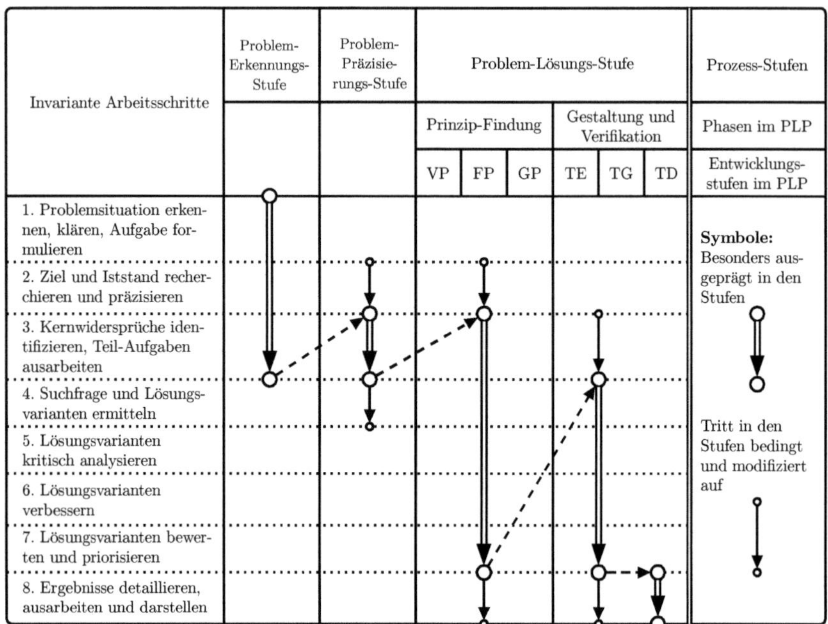

Invariante Arbeitsschritte	Problem-Erkennungs-Stufe	Problem-Präzisie-rungs-Stufe	Problem-Lösungs-Stufe						Prozess-Stufen
			Prinzip-Findung			Gestaltung und Verifikation			Phasen im PLP
			VP	FP	GP	TE	TG	TD	Entwicklungs-stufen im PLP
1. Problemsituation erkennen, klären, Aufgabe formulieren									
2. Ziel und Iststand recherchieren und präzisieren									
3. Kernwidersprüche identifizieren, Teil-Aufgaben ausarbeiten									
4. Suchfrage und Lösungsvarianten ermitteln									
5. Lösungsvarianten kritisch analysieren									
6. Lösungsvarianten verbessern									
7. Lösungsvarianten bewerten und priorisieren									
8. Ergebnisse detaillieren, ausarbeiten und darstellen									

PLP   Problem-Lösungs-Prozess
VP   Verfahrensprinzip   TE   Technischer Entwurf
FP   Funktionsprinzip   TG   Technische Gestaltung
GP   Gebildeprinzip   TD   Detaillierung und Dokumentation

Bild 15: Wiederkehrende invariante Arbeitsschritte in den Prozess-Stufen, Phasen und Entwicklungsstufen des Problem-Bearbeitungs-Prozesses

In Bild 14 wird ein allgemeines Prozessmodell für den Problem-Lösungs-Prozess am Beispiel der repräsentativen Aufgabenklasse „Entwicklung technischer Gebilde und Verfahren" durch drei Phasen und sieben Entwicklungsstufen vorgestellt. Diese drei Phasen sowie eine vierte *Verifikations- und Optimierungs-Phase* und die zugehörigen Zwischenergebnisse werden in den folgenden Abschnitten 5.3.2 bis 5.3.5 genauer diskutiert.

Es sei an dieser Stelle nochmals darauf hingewiesen, dass fallspezifische Prozess-Strukturen allein mit der *sequenziellen* Darstellung der Phasen, Entwicklungsstufen und Arbeitsschritte auf Grund der schon aufgeführten vielfältigen Einflussfaktoren nicht hinreichend spezifisch abgebildet sind. Dieses vereinfachten Struktur-Modell und die Merkmale vermitteln jedoch die relevanten Informationen für die Abläufe des Problem-Lösungs-Prozesses. Es unterstützt die Strategiebildung für das Vorgehen im konkreten Fall und bietet die systematische Zuordenbarkeit und Anwendung für heuristische Methoden und Prinzipien sowie methodischen Regeln.

Die Merkmale des Problem-Lösungs-Prozesses

Die Merkmale ergeben sich aus den Gesetzmäßigkeiten zur Entwicklung von Problemlösungen. Der Problem-Lösungs-Prozess ist geprägt durch den *Übergang 2 (Bild 3) vom Zweck zum Mittel* bzw. von einer zu erfüllenden Funktion eines Systems zu einer ziel- und anforderungsgerechten Struktur für das System und damit zur gesuchten Problemlösung.

Die Struktur bzw. der Ablauf des Übergangs Ü2 im Problem-Lösungs-Prozess wird durch verschiedene Merkmale bzw. Grundsätze beeinflusst. Sie ist dadurch mehrdeutig, vielschichtig, verzweigt, hierarchisch, verschiedenartig und netzartig strukturiert.

Die Grundstruktur des Problem-Bearbeitungs-Prozesses und damit die vorgestellten Prozess-Modelle werden durch folgende Merkmale und Grundsätze bestimmt und modifiziert:

- *Er ist unbestimmt und mehrdeutig.* Das wird durch die Gesetzmäßigkeiten des Übergangs Ü2 in Bild 3 verursacht. Die Übergangswahrscheinlichkeit vom Zweck zum Mittel ist deutlich kleiner als 100%. Es kann unter Umständen eine große Lösungsvielfalt gebildet werden, deren Zielerfüllung jedoch noch unbestimmt oder offen sein kann.

- *Er verläuft schrittweise*

  - *aufsteigend* nach den Entwicklungsstufen vom Abstrakten zum Konkreten, d.h. von der Suchfrage zur gesuchten konkreten innovativen Lösung (Bild 14 und 17)
  - *oder umgekehrt* vom Konkreten zum Abstrakten und danach wieder aufsteigend zur gesuchten konkreten innovativen Lösung.

- *Er beginnt in der Praxis oft mit dem Konkreten,* z.B. mit bekannten, vergleichbaren oder analogen Lösungen, und verläuft davon ausgehend schrittweise zum Abstrakten bis zur Findung eines zweckerfüllenden Lösungsansatzes. Dieser kann dann als Ausgangspunkt für das Aufsteigen zur gesuchten konkreten innovativen Problemlösung (Bild 17) genutzt werden. Der Prozess zur Findung des Ausgangspunktes kann und soll schon im Übergang 1 mit den Prozess-Stufen 1 und 2 bis hin zur abstrahierten Aufgabenstellung beginnen.

- Er kann somit *unterschiedliche Ausgangspunkte haben,* die davon abhängen, welche Objekte und Probleme Gegenstand sind, welche Vorgaben bestimmend sind und welche Lösungsansätze aus dem Bekannten für welche Entwicklungsstufe als Ausgangspunkt der Lösungsfindung in den Prozess-Stufen 1 und 2 abgeleitet werden konnten (Bild 17).

- Seine *allgemeingültige Arbeitsschrittfolge* in den Entwicklungsstufen des Problem-Lösungs-Prozesses wird durch die allgemeingültigen Systemmerkmale der zu entwickelnden Systemlösungen maßgeblich bestimmt. Beispiele für relevante Systemmerkmale enthält Bild 16.

- Er verläuft durch *Zerlegen des Ganzen in Elemente*, über das *Konkretisieren der Elemente* durch Lösungsbildung und durch *Komposition zum Ganzen* auf einer höheren Entwicklungsstufe (Bild 18).

- Er ist durch die *Dualität von Varianten-Bildung und Varianten-Einschränkung* in allen Entwicklungsstufen geprägt (Bild 19). Sie fördert die Wahrscheinlichkeit, nah an das Lösungs-Ideal zu kommen, verhindert eine nicht gewollte sinnlose Ideenflut und ermöglicht damit die Ausrichtung auf die Erfolgschancen.

- Er ist durch *invariante gedankliche Tätigkeiten* bei geeigneter Abstraktion geprägt, die sich in den Entwicklungsstufen wiederholen können. Das ermöglicht die Ableitung eines invarianten „Lösungs-Moduls" für den Problem-Lösungs-Prozess (Bild 15 sowie 23 und 24). Die invarianten Arbeitsschritte unterstützen im Problem-Lösungs-Prozess das Erkennen, Zuordnen und bewusste, modifizierte Nutzen der sich in den verschiedenen Entwicklungsstufen wiederholenden Anwendungsmöglichkeiten der allgemeingültigen heuristischen Methoden, z.B. wie in Bild 22.

- Er hat seinen *kreativen, lösungsrelevanten Schwerpunkt* in der Phase 3.2 „Lösungsfindung" gemäß Bild 4 und 14 bzw. im Abschnitt 7.2 „Durchführung der Lösungsbestimmung" gemäß Arbeitsschritt 4 in den Bildern 23 und 24. Vor allem in dieser Phase 3.2 erfolgt das Generieren der gesuchten, überraschend neuen, noch nie dagewesenen, anspruchsvollen Lösungsidee oder des Lösungskonzeptes.

- Die Lösungsfindung ist eng mit den *Vorbereitungs- und Nachbereitungs-Operationen* verknüpft. Sie haben maßgeblichen Einfluss auf das Ergebnis, die Neuheit und Effizienz der Lösungsfindung.

- Er kann durch eine *systematische Vorbereitung* und die volle Konzentration auf den entscheidenden *kreativen Lösungsschritt* kreativ und effektiv gestaltet werden. Das wird unterstützt mit der bewussten Anwendung der methodisch-systematischen oder intuitiven Vorgehensweise und ihrer Symbiose sowie durch die Nutzung der innovativen Lösungsprinzipien, von inspirierenden Katalogen [2, 22, 43, 44, 45, 46, 49, 56] und methodischen Regeln.

- Er ist *hierarchisch strukturiert* auf Grund der hierarchischen Struktur der Objekte bzw. Systeme (Bild 20),

- Er kann *durch Substitutionen strukturiert* werden. Vor allem durch Merkmale zu relevanten Zwischenergebnissen (Bilder 14 und 23), Programmablaufpläne (Bild 21) und heuristische Methoden [5, 24, 33, 49], die je nach Bearbeitungssituation den Arbeitsschritten zugeordnet werden können (Bild 22).

Diese Merkmale bzw. Grundsätze können in ihrer praktischen Symbiose in Abhängigkeit von der konkreten Problem- und Sachsituation verschiedene Abläufe oder Strategien für den Problem-Lösungs-Prozess bewirken bzw. erfordern. Durch ihre bewusste und schöpferische Anwendung kann in Abhängigkeit der Ergebnisse der präzisierten Aufgabenstellung und durch die Nutzung des erreichten Erkenntnisfortschritts die konkrete Strategie für den Ablauf des Problem-Lösungs-Prozesses schrittweise im Sinne einer *„fließenden Gestaltung des Lösungsweges"* gewonnen werden. Die Merkmale werden im Kapitel 6 am Beispiel der *Aufgabenklasse „Entwicklung technischer Gebilde und Verfahren"* diskutiert. Diese Grundsätze gelten auch für andere Aufgabenklassen im Gültigkeitsbereich „Entwicklung von Systemen" [38, 55], z.B. für die Wirtschaft, Organisation und Logistik, aber auch allgemein für Konzepte, Strategien, gedankliche Verfahren, Programmsysteme, Algorithmen u.a.

5.3.2. Die Orientierungs- und Abstraktions-Phase im Problem-Lösungs-Prozess

Das Wesen und die Anforderungen an die Suchfrage

In dieser Phase wird angestrebt, die inhaltliche *Orientierung* und *Ansatzpunkte* (z.B. Realisierungsgrundsätze oder ein Grundprinzip) und damit die mögliche *Lösungsrichtung* für den Widerspruch und die zu erfüllende Funktion für die angestrebte Lösung *als Ausgangspunkt* für den Problem-Lösungs-Prozess unter Nutzung der Vorarbeiten zu finden (Bild 4, Phase 3.1, Zwischenergebnis Z_3), um damit verknüpft die sogenannte *Suchfrage* für die Lösungsfindung abzuleiten. In dieser **Entwicklungsstufe 1** kann die kreative Suchfrage z.B. mit einem Soll-Satz ausgedrückt werden. Sie soll verständlich, verdichtet sowie prägnant und herausfordernd formuliert werden. Die Suchfrage kann das auslösende Element, das „Sprungbrett" für den Problem-Lösungs-Prozess sein. Sie enthält nicht nur die Lösungsrichtung, sondern bestimmt auch die Lösungsfeldbreite, den sogenannten Suchraum.

Die Suchfrage kann aus der Datenfülle der präzisierten Aufgabenstellung und den schon erkannten, eventuell noch latenten Lösungsansätzen und Ideen durch Konzentration auf den lösungsbestimmenden Kern und durch geeignete Abstraktion generiert werden. Das kann unterstützt werden, z.B. durch Visionen, Vorstellungen zur „idealen Lösung" oder durch das Suchen möglicher grundlegender Realisierungsgrundsätze oder -ansätze. Hierbei sind Kreativität, Schöpferkraft, Intuition notwendig, aber auch Wissen und Erfahrung erhöhen die Erfolgsaussichten.

Für die Gewinnung der Suchfrage können in der aktuellen Bearbeitungs- und Erkenntnissituation folgende *Ergebnisse der Prozess-Stufen 1 und 2* genutzt werden:

- Zielsetzung, Anforderungsprofil, zu erfüllender Zweck oder zu erfüllende Hauptfunktion.
- Problemkern, eventuell erkannte Teilprobleme mit den Ursachen und Wirkungen.
- Der Hauptwiderspruch, vor allem bzgl. der technischen und naturgesetzlichen Zusammenhänge.
- Relevante Funktions- und Strukturmerkmale der Problemstellung bzw. des Systems.
- Lösungsrichtungen, Ideen aus vorgängigen Überlegungen der Prozess-Stufen 1 und 2.

Diese Informationen bilden die Basis für die Ableitung der *Suchmerkmale* und die schöpferische Entwicklung der *Suchfrage*. Die Suchfrage kann dargestellt sein

- als technische Gesamtfunktion einschließlich der lösungsrelevanten Anforderungen,
- als Soll-Satz, der den Zweck und die Anforderungen der angestrebten Lösung beschreibt
- oder als „ideale Lösung", z.B. Beschreibung des Endresultates, das man sich wünscht („Zauberstab"),
- als Ausgangspunkt für den Problem-Lösungs-Prozess, der aus der Abstraktion von konkreten bekannten Lösungen als Gebilde- oder Verfahrensstruktur abgeleitet wurde.

Die Suchfrage kann als *Variable* aufgefasst werden, für die geeignete Lösungs-*Varianten* zu suchen oder zu generieren sind.

Der Suchraum und das Lösungsfeld

Die Suchfrage soll so gestaltet werden, dass im Lösungsfeld mehrere Lösungsalternativen gefunden, erwogen und verglichen werden können. Die Art und Zahl der angestrebten Lösungsvarianten soll einerseits einen großen Neuheitsgrad und Weitblick versprechen, und sie soll andererseits die Lösungsfindung mit einem beherrschbaren Aufwand ermöglichen. Eine „Überflutung mit Ideen" kann den Überblick und Lösungsfortschritt beeinträchtigen. Diese Ausgewogenheit kann erreicht werden durch eine *wechselnde Erweiterung und Einschränkung des Suchraums*, z.B. durch

- das schrittweise Zuspitzen, Vereinfachen, Verfremden („Brennglasfunktion") oder das Einschränken durch Konkretisieren, z.B. mit Erfahrung, Systematik, Schätzung, Empirie,

- einen „naiven" einfachen Sprachgebrauch, der frei von Fachtermini sein kann,

- das Idealisieren der Zielsetzung (z.B. ideale Lösung) bis hin zu einer radikal umwerfenden Orientierung und

- das Variieren der zu erfüllenden Anforderungen und zu beachtenden Restriktionen in dem Variationsfeld für die Kenngrößen des Sollzustandes nach Bild 7.

So führt z.B. eine Suchfrage mit hoher Konzentration und Abstraktion zu einem breiten Lösungsfeld mit einer größeren Wahrscheinlichkeit für einen hohen Neuheitsgrad. Die Suchfrage mit weniger herausfordernden Zielen, Anforderungen, Restriktionen und geringerer Abstraktion führt in der Regel mit einfachen Mitteln relativ schnell zu einfacheren, jedoch weniger überraschend neuen Lösungen.

Für die Lösungsfindung technischer Systeme ist es vor dem Beginn der Prinzip-Phase günstig, eine Beschreibung der zu erfüllenden

Funktion (Funktionsbeschreibung FB) für die gesuchte innovative Systemlösung zu erarbeiten. Dazu sind die Ergebnisse zur abstrahierten Aufgabenstellung und der Suchfrage geeignet. Für die Beschreibung der zu erfüllenden Funktion der gesuchten Lösung eignet sich z.B. die Black-box-Darstellung mit den Inputs, die das gesuchte System in die Outputs transformieren soll. Eine Ergänzung schon bekannter, relevanter Umstände und Nebenwirkungen kann den späteren Lösungsprozess unterstützen.

Methodische Hinweise zur Gewinnung der Suchfrage

Dieser sehr wesentliche Schritt erfordert Umsicht, Weitsicht, Konzentration auf das Wesentliche, systematisches analytisches Vorgehen, Abstraktionsfähigkeiten und *nicht zuletzt viel Kreativität*. Ausgehend von den Ergebnissen im Abschnitt 5.1, Arbeitsschritt 7 und Abschnitt 5.2, Arbeitsstufe 5 können die folgenden Fragen das Erarbeiten der Suchfrage und Funktionsbeschreibung unterstützen. Diese Fragen sind fortführend auch für die Lösungsfindung in der Prinzip-Phase hilfreich.

- Was ist das Entscheidende, Unverzichtbare der Zielsetzung und des Anforderungsprofils?

- Wie lautet das Problem oder der Widerspruch, wenn Fachbegriffe vermieden werden? Wie kann die Darstellung vereinfacht werden?

- Was geschieht, wenn das Problem oder der Widerspruch aus einem anderen Blickwinkel oder umgekehrt angegangen wird? Prüfe radikal umwerfende Ideen. Nutze dazu z.B. die Provokation, das „Quer-Denken", das Formulieren des Paradoxons.

- Worin bestehen der Hauptwiderspruch oder das Hindernis, der Kern des Problems und welche Ursachen und Wirkungsweisen sind erkennbar?

- Soll eine „ideale Lösung", eine anspruchsvolle oder einfachere Lösung angestrebt werden?

- Welche Lösungsgrundsätze, Ansätze und Realisierungsprinzipien wurden für eine erfolgversprechende Lösungsfindung erkannt?

- Sind geeignete Lösungsprinzipien in benachbarten oder analogen Bereichen erkennbar?

- Bestehen Chancen für bessere Lösungen, wenn einschränkende Bedingungen oder Vorgaben schrittweise zurückgenommen werden oder Anforderungen zugespitzt werden?

- Muss die Aufgabenstellung geändert werden?

- Welche Inputs sind in welche Outputs zu überführen? Formuliere die zu erfüllende Funktion, die zur Lösung des Problems realisiert werden soll. Was soll das gesuchte System können? Welchen Zweck soll es erfüllen?

- Wie ist das gesuchte System in das übergeordnete System eingeordnet?

- Kann durch Änderungen in der Systemumgebung eine günstige Lösung gefunden werden?

5.3.3. Die Prinzip-Findungs- und -Bewertungs-Phase

Ziel und Ergebnis

Das Ziel der Prinzip-Phase ist das Entwickeln oder Finden von kreativen Lösungsprinzipien durch das Suchen, Generieren, Kombinieren oder Variieren neuerungsgerechter bzw. erfinderischer Lösungen. Das ist der besonders schöpferische Schwerpunkt des Problem-Lösungs-Prozesses. Es sollen ausgehend von der Suchfrage letztendlich alternative, zündende Ideen und prinzipielle Lösungskonzepte für die kreative Problemlösung gefunden werden.

Das Endergebnis bei der Prinzip-Findung für die *angestrebte Problemlösung*, z.B. für technische Systeme oder Produkte, ist im Allgemeinen ein *Gebildeprinzip* (GP), das den neuartigen, originellen Lösungsansatz, z.B. den naturgesetzlichen Effekt oder Realisierungsgrundsatz, für die Lösung des Widerspruch oder Defektes ermöglicht und den Zweck, die Hauptfunktion und die relevanten Anforderungen erfüllt.

Das Gebildeprinzip wird dargestellt durch eine qualitative bzw. abstrakte *Strukturbeschreibung* der Lösungsidee, die durch funktionsrelevante technische Strukturelemente, ihre Verknüpfungen und Anordnungen mit ihren relevanten funktionellen, geometrischen, stofflichen, räumlichen und informationellen Parametern und Eigenschaften realisierbar werden soll. Das Gebildeprinzip wird bei Produktentwicklern und in der Konstruktionswissenschaft auch als *technisches Prinzip* bezeichnet.

Bei der Entwicklung einer neuartigen Problemlösung sind bis zur Findung des Gebildeprinzips, vor allem für komplexere Lösungen, Zwischenschritte geeignet. Typische Entwicklungsstufen bei der Produktentwicklung können sein das Generieren erfolgversprechender

- *Verfahrens-Prinzipien* (VP), dargestellt durch Operationsfolgen und die Zwischenergebnisse des Prozesses (Zustandsfolgen), oder noch konkreter

- *Funktions-Prinzipien* (FP), dargestellt als Blockschaltbild, d.h. die Verknüpfung der Funktionsträger (z.B. Teilsysteme) im Funktionswertfluss des Prozesses im System.

Die Strukturdarstellungen für die Lösungsprinzipien sind qualitativ. Nur in Sonderfällen werden relevante Parameter vorausschauend abschätzend quantifiziert, um bei der Ermittlung der Lösungen mit den besten Erfolgsaussichten eine erste Selektion der gefunden Lösungsvarianten zu ermöglichen. Das Ergebnis der Prinzip-Findung ist Ausgangspunkt für die Gestaltung, Quantifizierung und Ausarbeitung der Problemlösung.

Die Entwicklungsstufen und Phasen des Problem-Lösungs-Prozesses

Die Struktur des vollständigen Prinzip-Findungs-Prozesses von der Suchfrage zum Lösungsprinzip ist im Allgemeinen gekennzeichnet durch die Entwicklungsstufen zur Findung

- des grundlegenden Lösungsansatzes (Grundidee, Grundprinzip),
- der operationalen Verfahrens-Struktur, z.B. dargestellt durch Operations- und Zustandsfolgen des Prozesses, der vom System realisiert werden soll,
- der funktionellen Struktur, z.B. dargestellt durch Blockbilddarstellung,
- der qualitativen, geometrisch-stofflichen Struktur, z.B. dargestellt durch Strukturelemente, ihre Verknüpfungen und Anordnungen.

Bezogen auf die Entwicklung innovativer technischer Systeme sind typisch die Entwicklungsstufen *Verfahrens-Prinzip* (VP), *Funktions-Prinzip* (FP) und *Gebilde-Prinzip* (GP) (Bilder 14 und 15). Diese Entwicklungsstufen sind jedoch in der Praxis seltener linear und komplett zu durchlaufen. Es können zwei typische Wege von der Suchfrage zum Endergebnis unterschieden werden. Ein typisches Beispiel zeigt der Programm-Ablaufplan für die Prinzip-Phase in Bild 21.

Ein effektives Vorgehen kann z.B. sein:

- Es ist zuerst zu prüfen, ob aus bekannten oder analogen Bereichen geeignete Lösungsprinzipien – Gebilde-, Funktions- oder Verfahrensprinzipien – für innovative Lösungen als *Ausgangspunkt* genutzt werden können.

Ausgehend von diesen Lösungsprinzipien kann die Problemlösung in vielen Fällen durch das Generieren neuer Prinzipien gewonnen werden (siehe auch Abschnitt 6.2, Lösungsfindungsfall 2).

So können z.B. mit einer kreativen, umfassenden *Strukturvariation*, durch das Austauschen, Hinzufügen, Verändern, Integrieren oder das neuartige Kombinieren von naturgesetzlichen Effekten, Teilsystemen, Elementen, Verknüpfungen, Anordnungen, Parametern oder Eigenschaften überraschend neue Lösungen entstehen, die auch Widersprüche im Sinne des Anforderungsprofils beheben.

Auch mit den *morphologischen Methoden*, bei denen ausgehend von den Teilfunktionen eines Verfahrensprinzips oder einer Funktionsstruktur technische Realisierungsmöglichkeiten gesucht und dann kombiniert werden, können originelle, neuartige Problemlösungen generiert werden.

- Wenn keine geeigneten Verfahrens-, Funktions- oder Gebildeprinzipien als Ausgangspunkt für die gesuchte Problemlösung gefunden werden oder die Widerspruchslösung nicht erfolgreich war, dann ist eine Grundsatz- oder Neuentwicklung über die Entwicklungsstufen notwendig, wie in Bild 21 dargestellt. Für die Problem- und Widerspruchslösung ist das Vorgehen vorzugsweise gemäß Abschnitt 6.2, Fall 1 und 3 sowie Abschnitt 7.2, Arbeitsschritte 4.1 bis 4.3 typisch, verbunden mit den heuristischen Prinzipien, z.B. von Altschuller und Zobel [2, 54].

Arbeitsschritte für die Entwicklungsstufen der Prinzip-Phase

Die folgende Darstellung der Arbeitsschritte erfolgt am Beispiel *Entwicklung technischer Systeme* in Anlehnung an Bild 13:

Arbeitsschritte der Verfahrensprinzip-Entwicklung VP (Entwicklungsstufe 2)

1. *Grundprinzip*, Lösungsgrundsatz für die Realisierung der Gesamtfunktion oder des Zwecks bewusst machen, finden, formulieren (als Realisierungsgrundsatz).

2. *Operationsfolge* bzw. die Teilfunktionen und ihre Kopplungen ermitteln, mit denen der Übergang vom Input zum Output für das Realisieren der Gesamtfunktion erfolgen kann. Variantenbildung.

3. Die *widerspruchsrelevanten Operationen* (Teilfunktionen) abgrenzen, analysieren und widersprüchliche Anforderungen und Gegensatzpaare ermitteln. Lösungsvarianten generieren.

4. Die *Zustandsfolge* und Zustände des Prozessgegenstandes, z.B. Arbeitsgegenstand, durch Merkmale als Zwischenergebnisse erarbeiten (Input und Output der Teilfunktionen).

5. *Operatoren*, d.h. Einwirkungen und Effekte, ermitteln, die für die Realisierung der Operationen und die Bildung der Zwischenergebnisse geeignet sind. Die technisch-naturgesetzlichen Wirkketten und Zusammenhänge klären und in einem Modell formulieren, vor allem für den Bereich, für den der Hauptwiderspruch identifiziert ist.

6. Verfahrensprinzip-Alternativen aus den Ergebnissen der Schritte 1 bis 5 generieren.

7. Analyse, Bewertung, Priorisierung, Auswahl und Darstellung der gewählten Verfahrensprinzip-Varianten.

Arbeitsschritte der Funktionsprinzip-Entwicklung FP (Entwicklungsstufe 3)

1. Effekte oder Einwirkungen (naturgesetzlich, technisch) konkretisieren und präzisieren, welche für die Realisierung der Teilfunktionen und die Zustandsänderungen des Prozessgegenstandes geeignet sind.

2. Funktionsträgervarianten ermitteln, z.B. als allgemeine Bauelemente, die die Effekte oder Einwirkungen erzeugen können. Funktionsträger sind durch ihre Ein- und Ausgangsgrößen gekennzeichnet und enthalten und bündeln die technisch-naturgesetzlichen Wirkprinzipien. Die widerspruchsrelevanten Bereiche sind Schwerpunkt der Lösungsfindung.

3. Verknüpfen der Funktionsträger im Stoff-, Energie- und Informationsfluss.

4. Analysieren, Bewerten, Priorisieren und Darstellen der Lösungen, z.B. als Blockschaltbilder.

Arbeitsschritte der Gebildeprinzip-Entwicklung GP (Entwicklungsstufe 4)

1. Arbeits- und Wirkungsweise der allgemeinen Bauelemente und des Gesamtsystems konkretisieren, vor allem für die widerspruchsbestimmenden Teilsysteme.

2. Allgemeine Bauelemente, Teilsysteme und Anordnungen qualitativ oder abstrakt strukturieren bzgl. der funktionsentscheidenden funktionellen, geometrischen, stofflichen, räumlichen Parameter unter Berücksichtigung der funktionsrelevanten Anforderungen.

3. Die Kopplungen zwischen den konkretisierten Bauelementen oder Teilsystemen strukturieren durch Wirkpaarungen, Wirkkörper, Wirkflächen, Verbindungselemente bzw. -arten.

4. Synthese der Teilsysteme, Kopplungen und Anordnungen zu Gesamtsystem-Varianten und erste grafisches Darstellung als Gebildeprinzip, z.B. in Form von Skizzen.

5. Modell für die Teilsysteme, ihre Kopplungen, Anordnungen mit den relevanten Parametern als Gesamtsystems erstellen, analysieren, Defekt- und Fehleranalyse durchführen und priorisieren.

6. Funktionserfüllung für priorisierte Gesamtsysteme durch Funktions- und Defektanalyse sowie durch Modell-Manipulation zur Fehlererkennung prüfen. Defekte, vor allem Widersprüche identifizieren und Teil-Aufgabenstellungen zur Verbesserung der Lösungen ableiten. Bei Bedarf entscheidende Parameter „schätzend" quantifizieren.

7. Problemlösungsvarianten verbessern.

8. Problemlösungsvarianten gestalten und darstellen als Gebildeprinzip durch schematische Skizzen, z.B. symbolisiert mit Ikonen, Symbolen für die Strukturkomponenten (Elemente, Teilsysteme, Kopplungen) in ihrer räumlichen Anordnung.

9. Bewerten der Varianten. Priorisierte Variante oder Varianten identifizieren.

10. Prüfen der Schutzfähigkeit der neu gewonnen Problemlösungen.

Ableitung der Arbeitsschritte aus den Systemmerkmalen

Die lösungsrelevanten Arbeitsschritte in den Entwicklungsstufen Verfahrens-, Funktions- und Gebildeprinzip ergeben sich folgerichtig aus der schrittweisen „Behandlung" der allgemeingültigen Merkmale der zu entwickelnden Systeme. Diese Systemmerkmale sind für technische Systeme detailliert in einem allgemeinen „Erzeugnis-Modell" dargestellt [3, 14, 17, 24, 25].

Die folgenden in Bild 16 schematisch skizzierten Systemmerkmale sind für das Vorgehen maßgeblich:

- Die *Gesamtfunktion* als Black Box mit ihren Ein- und Ausgangsgrößen.

- Die *Operationsfolge* und die *Zustandsfolge* (Operanden) des Prozesses. Sie ergeben das Verfahrensprinzip.

- Die *Einwirkungen* (Operatoren), welche die Zustandsänderung im Sinne der Teilfunktionen bzw. Operationen bewirken.

- Die *Mittel* bzw. *Teilsysteme*, welche die Einwirkungen erzeugen und unerwünschte Wirkungen vermeiden sollen. Das sind die *Funktionsträger* mit ihren Ein- und Ausgangsgrößen, die als Black Box mit ihren Verknüpfungen dargestellt werden. Sie ergeben das *Funktionsprinzip*.

- Die qualitative funktionelle, geometrisch-stoffliche und räumliche *Strukturierung* der Funktionsträger des Funktionsprinzips, ihrer Kopplungen und Anordnungen. Die Strukturelemente und Kopplungen oder Verbindungen werden schematisch dargestellt, z.B. wie oben gezeigt durch Ikonen oder Symbole als Gebildeprinzip.

Sie gelten in Anlehnung an die Aussagen im Kapitel 3 sowohl für technische als auch für nichttechnische Systeme. Die Arbeitsschritte der Entwicklungsstufen sind somit bei geeigneter Abstraktion verallgemeinerungsfähig.

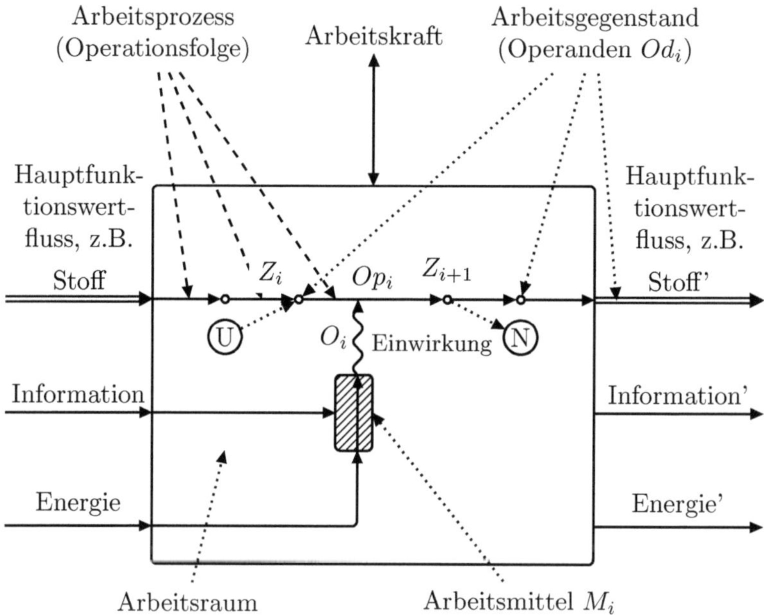

Op_i	Operationen für die Zustandsänderung des Prozessgegenstands
Od_i	Operand, der Prozessgegenstand im Zustand Z_i, Z_{i+1}
$Z_i \to Z_{i+1}$	Zustandsänderung
O_i	Operator, Einwirkungen für die Zustandsänderung
M_i	Mittel, welche die Einwirkung O_i erzeugen
U, N	Umstände und Nebenwirkungen der Operatoren

Bild 16: Allgemeine Systemmerkmale am Beispiel technischer Systeme – stofforientiert

Fließender Übergang von der Prinzip-Phase zur Gestaltungs-Phase

Der Übergang von der Prinzip-Findung zur Gestaltung der Problemlösung ist in der Praxis durch Vorgriffe und Rückwärts-Schreiten etc. *fließend*.

Die fundierte Bewertung, Einschränkung und Auswahl der alternativen Lösungen aus der Prinzip-Phase erfordert mitunter vorausschauend die Quantifizierung funktionsrelevanter Teilsysteme und Parameter. Dieser Schritt wird in der Praxis vor der konkreten Systemgestaltung für die funktionellen Parameter und die wichtigsten Hauptforderungen vorgezogen und erlaubt rechtzeitig und effizient die Konzentration auf die aussichtsreichsten Lösungsprinzipien.

In der Gestaltungsphase wird die Entwicklung und Einschränkung einer großen Zahl von Lösungsalternativen wesentlich aufwendiger und schwieriger durch die zunehmende Detailliertheit und Konkretisierung, durch spezifischere Sachfragen sowie durch die Erweiterung des Anforderungsprofils.

In der Gestaltungsphase sind alle Anforderungen und Restriktionen der Lebensstufen des zu entwickelnden Objektes im Innovationsprozess (Bild 1) zu erfüllen.

5.3.4. Gestaltungs-, Quantifizierungs- und Detaillierungs-Phase

Schwerpunkte und Unterschiede der Prinzip- und der Gestaltungs-Phase

In der *Prinzip-Phase* stehen vor allem der mögliche Neuheitsgrad, die Erfindungshöhe, der Erfüllungsgrad und die Wirkungsweise in der Anwendung der Problemlösung im Mittelpunkt und damit die

Chancen auf eine anspruchsvolle Innovation. In der Prinzip-Phase ist die Kreativität, verknüpft mit einer methodisch-systematischen Denk- und Arbeitsweise oder Intuition sowie einem ausreichenden Wissen zum Sachverhalt, besonders wichtig, womit hier der kreative, problemlösende Aspekt der Schwerpunkt ist.

In der *Gestaltungs-Phase* sind die Parameter, Eigenschaften, Anforderungen für alle Strukturbestandteile der angestrebten Problemlösung bis ins Detail quantitativ zu gestalten und zu quantifizieren bzgl. der Funktionserfüllung, der Herstellbarkeit, Herstellungskosten, Qualität und Lebensdauer sowie vorausschauend auch für alle Anforderungen aus den folgenden Prozess-Stufen des Innovationsprozesses. Kesselring [19, 20] hat z.B. für die Produktgestaltung einen Katalog mit 800 Anforderungen erstellt.

In der Gestaltungsphase sind vor allem Fachkompetenz, Fachwissen, Modelle, Muster, experimentelle Methoden, branchenspezifische Verfahren und Methoden, Fachinformationen und Erfahrungen für eine konkrete, erfolgreiche und abschließende Problemlösung erforderlich. Natürlich ist Kreativität bei der Gestaltung unverzichtbar. In diesem Sinn sollen die Phasen 3 und 4 nur kurz umrissen werden.

Ausgangspunkt für die Gestaltungsphase ist das gewählte Lösungsprinzip. Das Endergebnis ist die vollständig detaillierte, quantifizierte, alle Anforderungen erfüllende und für die Realisierung geeignete Dokumentation der Lösung.

Entwicklungsstufen der Gestaltungs-Phase

Die Gestaltung der konkreten Problemlösung ist in der Regel durch die Entwicklungsstufen *technischer Entwurf* (TE), dem oft ein einfacheres *technisches Konzept* (TK) vorausgehen kann, die *technische Gestaltung* (TG) und die *Detaillierung und Dokumentation der konkreten Lösung* (TD) strukturiert (Bild 4 und 14).

Der **technische Entwurf (TE – Entwicklungstufe 5**), in der Technik oft auch als *technisches Konzept* (TK) bezeichnet, liegt vor, wenn die funktionsrelevanten funktionellen, geometrischen, stofflichen, räumlichen sowie informationellen Parameter und Merkmale der Elemente, Wirkpaarungen, Verbindungen und Anordnungen für die wichtigsten Teilsysteme grob quantitativ gestaltet und quantifiziert sind. Bei Organisationslösungen sind es analog die Verantwortlichen und Bearbeiter, die Teamstruktur, Bereiche, relevante technische und informationelle Mittel u.ä.

Die technischen Eentwürfe werden durch Gestalten, Berechnungen, Muster oder Modelle, einfache Experimente sowie Analysen in einem ersten Ansatz als Entwurf erarbeitet und auf Erfüllbarkeit der funktionsentscheidenden Parameter geprüft. Bei erkannten Defekten ist die weitere Verbesserung des Konzeptes durchzuführen. Auch hier können die Defekte Widersprüche enthalten, für die auf einer „niederen Hierarchieebene" eine Problemlösung zu finden ist.

In dieser Entwicklungsstufe ist anzustreben, durch die Bewertung noch bestehender Alternativen die beste Problemlösung zu identifizieren, die in den folgenden Stufen detaillierter ausgearbeitet werden soll, da der Bearbeitungsaufwand in den Folgestufen sprunghaft ansteigt. Bei wenig komplexen Problemen können die Konzeptstufe und Entwurfsstufe integriert werden. Mit dem Ergebnis der Konzeptstufe sollte die Schutzfähigkeit der Problemlösung erneut geprüft werden.

Die **technische Gestaltung (TG – Entwicklungsstufe 6**), in der Technik auch als *technischer Entwurf* bezeichnet, beinhaltet die quantitative Gestaltung und Quantifizierung der relevanten funktionellen, geometrischen, stofflichen sowie räumlichen Parametern und Eigenschaften für alle Funktionen (Neben- und Entstörfunktionen), Teilsysteme, Kopplungen und Anordnungen und des Gesamtsystems. Mit dieser Erweiterung auf alle Teilsysteme, Parameter und Eigenschaften können neue Teilprobleme und Aufgaben erkannt werden, die hier in dieser Entwicklungsstufe zu lösen sind.

Mit der Gestaltung und Quantifizierung werden maßgebliche Festlegungen getroffen für die Funktionalität, die Herstellbarkeit, Montage, die Nutzung, Instandhaltung sowie das Recycling. Das Anforderungsprofil wird in dieser Entwicklungsstufe auf die Belange aller Lebensstufen des Innovationsprozesses erweitert. So sind hier z.B. alle Anforderungen vollständig zu ermitteln und zu berücksichtigen, die bestimmend sind bzgl. Form, Abmessungen, Werkstoff, Raum, Anordnung, Kopplungen und Herstellung, siehe z.B. [24, 26, 31, 37].

Für den vollständigen Entwurf ist eine fehlerkritische Analyse der erarbeiteten Lösungen notwendig. Außerdem werden oft Modelle oder Muster, Simulationen sowie Manipulationen für das Prüfen der relevanten Systemeigenschaften genutzt. Aus diesen Ergebnissen werden die bestehenden Defekte erkennbar. Aus diesen Defekten werden unter Umstände neue Teilprobleme bzw. Teil-Aufgabenstellungen abgeleitet. Sie sind in dieser Ebene zu lösen, mitunter auch mit neuen Teil-Aufgabenstellungen in gesonderten Problem-Lösungs-Prozessen. Mit dem auf diese Weise gereiften Entwurf kann in der folgenden Entwicklungsstufe die Detaillierung und Ausarbeitung begonnen werden.

Die **technische Detailgestaltung und Ergebnisdokumentation (TD – Entwicklungsstufe 7)** beinhaltet die komplette, quantifizierte Detail- und Fein-Gestaltung sowie Dimensionierung aller Teilsysteme und aller Parameter und Eigenschaften der Systemlösung unter Beachtung der Zielsetzung und des totalen Anforderungsprofils bzgl. Funktion, Herstellung, Verpackung, Transport, Nutzung, Instandhaltung sowie Recycling und der dazu erforderlichen Dokumentationen und Anleitungen.

5.3.5. Verifikations- und Optimierungs-Phase

Notwendigkeit und Grenzen

Der Problemlösungsprozess ist im Sinne der Innovation (Bild 1) erst dann erfolgreich und vollständig abgeschlossen, wenn die erarbeitete innovative Problemlösung die Zielsetzung und die Anforderungen, Bedingungen und Restriktionen für alle Lebensstufen des Objektes hinreichend erfüllt und wenn eine geeignete Ergebnisdokumentation für den Realisierungs- und Nutzungsprozess vorliegt.

Für diese Phase 3.4 (Bild 4) ist für die „Freigabe" der gesuchten Systemlösung eine weitere Entwicklungsstufe E_8 zu durchlaufen. Sie wird in den Bildern 14 und 15 des Prozess-Modell-Typs 3 nicht dargestellt. Sie ist bei der Verifikation vor allem durch technische Verfahren und Methoden geprägt. Für die Optimierungsaufgabenstellungen dieser Phase gelten neben den technischen Aspekten dann wieder vor allem die Grundsätze der methodisch-systematischen Arbeitsweise und Kreativitätstechniken.

Außerdem kann dieser Endzustand unter Umständen schon nach der Gestaltungs-, Quantifizierungs- und Dokumentations-Phase erreicht sein. Dann entfällt die Verifikations- und Optimierungs-Phase.

Verifikation

Die Verifikation der entwickelten Problemlösung hat das Ziel, mit Hilfe von Modellen, Mustern oder dem Original den Erfüllungsgrad des Zweckes, der Funktion, des Anforderungsprofils sowie das Verhalten, die Eigenschaften und Grenzwerte zu prüfen und die erkannten Defekte darzustellen.

Dieser Prozess soll sich im Rahmen der realen Möglichkeiten vor allem auf die Lebensstufen der Herstellung und Nutzung (z.B. Aufbau und Installation, Erprobung, Nutzung, Bedienung, Betreuung,

Instandhaltung) beziehen. Er soll aber auch darüber hinaus den Absatz- und Vermarktungsprozess, die Nachnutzbarkeit, das Recycling, die Entsorgung usw. vorausschauend beachten bzw. untersuchen.

Das kann z.B. mit Simulationsmodellen, Funktions- und Fertigungsmustern, Pilotanlagen oder Prototypen, Versuchen oder statistischen Verfahren erfolgen. Diese kritische Prüfung kann sehr wirksam auch beim Nutzer im praktischen Nutzungsprozess erfolgen. Die erkannten Defekte (Widersprüche, Schwachstellen, Mängel, Lücken) und offenen Fragen sollen als neu zu bearbeitende Teil-Probleme und Teilaufgaben für die Optimierung oder Weiterentwicklung ausgearbeitet werden.

Es ist bei der Verifikation auch abschließend zu prüfen, ob die Gesamtdokumentation vollständig, klar und eindeutig ist und ob sie den Erfordernissen und Wünschen für die Nutzung, Instandhaltung und das Recycling genügt.

Optimierung und Weiterentwicklung der Problemlösung

Zur Optimierung oder Weiterentwicklung der Lösung werden die erkannten Defekte als Teilprobleme oder Teilaufgaben formuliert, präzisiert, ihrer Lösung zugeführt und danach in die Gesamtlösung integriert, um danach durch eine abschließende Verifikation die Freigabe zu ermöglichen.

Vor allem für die Bearbeitung der Teil-Probleme gelten wiederum die heuristischen Methoden, Grundsätze und Regeln der methodisch-systematischen Arbeitsweise und Kreativitätstechniken für den innovativen Problem-Bearbeitungs-Prozess.

5.3.6. Anwendungsaspekte und Grenzen der Grundstruktur des Problem-Bearbeitungs-Prozesses – Modelltyp 3

Das seriell strukturierte Prozessmodell für den Problem-Bearbeitungs-Prozess ist ein Grundmodell. Begrifflich gilt es für Problem-Bearbeitungs-Prozesse für technische Systeme. Diese Grundstruktur ist zusammen mit den Ausführungen im Kapitel 5 einerseits allgemein und ganzheitlich und andererseits relativ detailliert und konkret dargestellt. Die Grundstruktur für die Systementwicklung und den Erfindungsprozess ergibt sich aus den Gesetzmäßigkeiten und Bestimmungsmerkmalen von Systemen, z.B. gemäß der systemwissenschaftlichen Grundlagen für die Theorie von Systemen [24, 25, 33, 35].

Der Problem-Lösungs-Prozess verläuft vom Abstrakten zum Konkreten und vom Ganzen zum Detail und zurückführend durch Synthese wieder zum Ganzen auf konkreterem Niveau. Die Grundstruktur kann diese Zusammenhänge und weitere Einflüsse allein nicht darstellen. Die lineare, sequenzielle Grundstruktur erfasst für den realen Prozessablauf die vielfältigen Eigenschaften und Merkmale der Aufgabenstellung, des zu entwickelnden Systems und zu lösenden Problems nicht hinreichend. Von bedeutendem Einfluss auf den Prozessablauf sind besonders

- der Informationsstand für den Ausgangspunkt des Problem-Lösungs-Prozesses,

- die Art des Gegenstandes der zu entwickelnden Erfindung oder Lösung,

- die Spezifikation durch Komplexität und Kompliziertheit (im Gesamt- oder Teilsystem),

- die Modifikation des Prozesses durch Vorgreifen, Auslassen, Parallelitäten, Wiederholen, Detaillieren, Zusammenfassen von Arbeitsschritten sowie

- die Einordnung des Prozesses in die Gesamtheit des Geschehens.

Diese Einflussfaktoren werden für ein Modell zur Grundstruktur des Konstruktionsprozesses in [23] recht anschaulich grafisch dargestellt und diskutiert.

Begrifflich ist das Grundmodell und die diskutierten Grundlagen vor allem für Problem-Bearbeitungs-Prozesse der Aufgabenklasse „Technische Systeme" ausgelegt. In der Praxis hat sich jedoch deutlich gezeigt, dass die Abläufe und methodischen Grundlagen auch für andere Aufgabenklassen unter Beachtung der Spezifika der verschiedenen Fachgebiete wirksam anwendbar sind.

Für die Grundstruktur kann vereinfacht folgendes allgemeines Vorgehen abgehoben werden:

1. *Problemanalyse* für das Erkennen des Problems und Gewinnen einer innovativen, präzisierten Aufgabenstellung durch Klären und Präzisieren des Problemkerns, der Hindernisse und Barrieren, der Widersprüche, die den Zugang zur Lösung versperren, und durch gezielte Akkumulation des notwendigen Wissens.

2. Das kreative *Generieren von Lösungsideen oder -konzepten* durch methodisch-systematische Denk- und Arbeitsweisen, durchaus auch gepaart mit Intuition.

3. Das *Erkennen und Auswählen* der attraktivsten Lösungsvariante(n) durch Analyse und Einschätzung der alternativen Lösungsvarianten.

4. Entwicklung von Lösungsentwürfen durch das *Strukturieren* mit Systemelementen, ihre Verknüpfungen und Anordnungen.

5. *Analyse der Lösungsentwürfe,* ihre Bewertung, Priorisierung, Auswahl und Entscheidung.

6. *Gestalten und Quantifizieren* der ausgewählten Entwürfe bis zur detaillierten Ausarbeitung, z.B. für die Realisierung und Verifikation im Nutzungsprozess oder vorgängige Zwischenergebnisse.

6. Einfluss der Grundsätze und Merkmale des Problem-Lösungs-Prozesses auf den Prozessablauf und das Prozessmodell

Die Kenntnisse der Grundsätze und Merkmale des Problem-Lösungs-Prozesses unterstützen dessen methodisch-systematische Planung und operative Gestaltung. Sie werden ergänzend und vertiefend zu Kapitel 3 in den folgenden Abschnitten 6.1 bis 6.6 diskutiert, um fortführend sichtbar zu machen, in welcher Weise sie die Grundstruktur des Prozessmodells bzw. das aufgabenspezifische Vorgehen und die Arbeitsweise der Problemlöser beeinflussen.

Die Entwicklung einer fallspezifischen methodisch-systematischen Problem-Bearbeitungs-Strategie in der Praxis erfordert die kreative Verknüpfung des Prozessmodells mit den Merkmalen, heuristischen Methoden, innovativen Prinzipien und methodischen Regeln. Die dazu notwendigen Fertigkeiten können durch ein aktives Training, z.B. durch Fortbildungs-Seminare oder eine praxisorientierte Hochschulbildung, unterstützt werden.

Mit den Kreativitäts-Trainings-Seminaren gemäß [13, 14], den Erfinderschulen [12] sowie den WOIS-Seminaren [30] wurde die Wirksamkeit und Effizienz dieses Ansatzes erkennbar. Auch an Hochschulen gibt es in diesem Sinne partielle Erfolge. Die bisherigen Bemühungen sind jedoch zu wenig nachhaltig. Diese noch punktuellen Bemühungen schöpfen das mögliche Innovationspotenzials in der Forschung und Entwicklung völlig unzureichend aus. Eine breitere Vermittlung und Nutzung ist für die Zukunft eine große Herausforderung und Chance. Dazu gehört auch das Verständnis zu den Merkmalen des Problem-Bearbeitungs-Prozesses, denn ihre Beherrschung fördert den freien, flexiblen, schöpferischen Umgang mit den methodischen Grundlagen.

6.1. Einfluss der Ausgangssituation und Aufgabenart

Die Ausgangssituation, mit dem die Lösungsfindung nach der Formulierung der Suchfrage begonnen wird, kann, wie in Kapitel 3 „Einflussfaktoren auf Prozessabläufe" dargestellt wurde, z.B. durch den Bearbeitungszustand, den Erkenntnisstand zu geeigneten Lösungsprinzipien aus bekannten oder analogen Bereichen und durch die Komplexität des Problems sehr verschieden sein. Daraus ergeben sich unterschiedliche Aufgabenarten und Prozessabläufe.

Bild 17 zeigt in einer Matrix die verschiedenen Aufgabenstellungs-Arten für technische Entwicklungsprozesse in Abhängigkeit vom Ausgangspunkt und des zu erreichenden Endergebnisses.

Oberhalb der Diagonalen sind die verschiedenen Entwicklungs-Aufgabenstellungen sichtbar, wie z.B. die Aufgabenarten *Grundsatzentwicklung*, bei der alle typischen Arbeitsstufen des Problem-Lösungs-Prozesses durchlaufen werden, oder die *Konzeptentwicklung*, bei der das Gebilde-Prinzip und damit die innovative Lösungsidee vorliegen und nur noch die Arbeitsstufen bis zur Detaillierung der Lösung notwendig sind.

In der Diagonale sind die Aufgaben zur *Weiterentwicklung* erkennbar, vor allem durch Variation bekannter Strukturen.

Unterhalb der Diagonale sind die Aufgabenstellungen zur *Analyse und Abstraktion* der gegebenen Strukturen eingeordnet.

6.2. Wege bzw. drei Fälle für die Lösungsfindung

Für die kreative Lösungsfindung für neue, einzigartige, originelle und attraktive Problemlösungen in der Prinzip-Phase können drei typische Fälle bzw. Wege unterschieden werden, aus denen verschiedene Aufgabenarten und Vorgehensweisen resultieren.

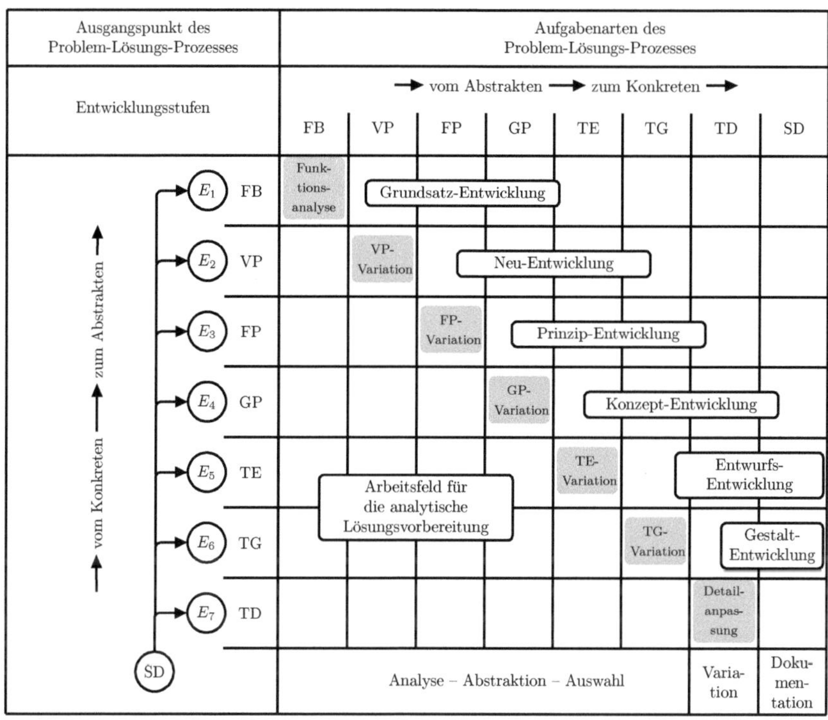

Legende:

FB	Funktions-Beschreibung	TE	Technischer Entwurf
VP	Verfahrens-Prinzip	TG	Technische Gestalt
FP	Funktions-Prinzixp	TD	Detaillierung
GP	Gebilde-Prinzip	SD	System-Dokumentation

Bild 17: Ausgangspunkte und Aufgabenarten des Problem-Lösungs-Prozesses für die Entwicklung technischer Systeme

Fall 1: Lösungsfindung für anspruchsvolle, weniger komplexe Problemstellungen mit dem Anspruch auf einen sehr großen Neuheitsgrad und ausgehend von einer innovativen, klar definierten, hinreichend abstrahierten Suchfrage.

In diesem Fall ist ausgehend von der Suchfrage ein direkter, unmittelbarer Lösungsschritt oder „Gedankensprung" zu kreativen Lösungsideen typisch. Das strenge, schrittweise Vorgehen über alle Entwicklungsstufen kann in diesem Fall überflüssig oder behindernd sein.

Dieser Lösungsschritt kann nach dem Zerlegen der Gesamtheit in Teilfunktionen oder Teilsysteme und nach dem Erkennen des Problemkerns und Widerspruchs bzw. Hindernisses mit einer prägnanten, erfinderischen Suchfrage eingeleitet werden.

Es folgen die Schritte:

- Erstellen eines detaillierten Modells für die Strukturierung und vertiefende Analyse zu den Ursachen, Wirkungen und Zusammenhängen des Widerspruchs bzw. der Hindernisse für die Problemlösung. Hier sind auch die variablen, unveränderlichen, gegenläufigen Ziele, Parameter, Eigenschaften von Komponenten und die unerwünschten, störenden Effekte und Wirkungen herauszuarbeiten.

- Generieren von Lösungsideen oder -Konzepten in Form von qualitativen oder abstrakten Darstellungen durch

  - das Nutzen z.B. der innovativen Prinzipien von Zobel [57, S. 38], der 40 Prinzipien und des Kataloges für typische Lösungsprinzipe für das Lösen von technischen Widersprüchen von Altschuller [2], der heuristischen Prinzipien und der „Kreas" von Stanke [49], der VDI-Richtlinien, z.B. VDI 4521 [52] und der hier aufgeführten methodischen Regeln,

- das Nutzen von Katalogen oder Datenbanken technisch-naturgesetzlicher Effekte, von Wirkpaarprinzipien und Lösungsprinzipien [13, 43, 44, 45, 46] für die Lösungsfindung, z.B. durch Suchen, Identifikation, Assoziation, Inspiration, Analogien,
- diskursives, systematisch-kreatives Variieren mit den Variationsprinzipien (Fall 2),
- diskursive, systematisch-kreative Kombinations- und Feldforschungstechniken,
- Methoden zur Nutzung von Analogien,
- Intuition, z.B. durch Assoziation, Inspiration, Gedankenblitz, Eingebung, Phantasie und gedankliches Experimentieren, bildhafte Vorstellungen, „quer Denken", das vermeintlich Absurde betrachten, „Spinnen", Reflexionen.

Auf diesem Weg soll dem kreativen Geist, dem kreativen Denken „freier Lauf" gelassen werden, für das allerdings gediegenes Wissen die Erfolgsaussichten erheblich fördern kann.

- Strukturierung und Konkretisierung der Idee, die Synthese der Teillösungen in die Gesamtlösung, die kritische Analyse, Bewertung und Ausarbeitung der Teil- und Gesamtlösungen.

Die innovativen Prinzipien, die Checklisten, Kataloge, Datenbanken für Effekte, Wirkprinzipien, Lösungsprinzipien und Variationsprinzipien unterstützen, oft verbunden mit Intuition, z.B. Assoziationen, Inspiration, Gedankenblitzen, Identifikation, das kreative Generieren des schöpferisch Neuen. Sie können damit Ausgangspunkt, Ideenspender, Hebel, Antrieb, „Sprungbrett" für die Lösungsfindung sein und wirken oft wie ein Kristallisationskern bei der Lösungsbildung. Sie liefern durch systematisches Vorgehen Impulse, Anregungen und den Zugang zu neuen Ideen, zu Analogien und zu dem „schlummernden Wissen", das für die Lösungsfindung den Gedankensprung auslösen kann. Sie sind für eine innovative Ideenfindung mit hohem Neuheitsgrad unverzichtbar.

Ein schematisches methodisch-systematisches Vorgehen kann das Generieren kreativer Lösungen allein nicht bewirken, geschweige denn erzwingen. Eine kreative methodisch-systematische Denk- und Arbeitsweise bietet einerseits Methoden und systemwissenschaftliche Arbeitsmittel und unterstützt andererseits den bewussten Wechsel von Konzentration und Entspannung, fördert das Erhalten der Neugier, das Zulassen von Spontanität, den Perspektivwechsel, das Erweitern des Blickwinkels, fordert das Zulassen des Irrtums mit dem anschließenden Erkennen der Ursachen neuer Möglichkeiten und integriert die Intuition. Sie erlaubt und unterstützt das Zurückgehen in vorherige Schritte und das Beschränken auf Teilschritte des ganzheitlichen Vorgehens.

Dieser Fall 1 ist damit für einen hohen Neuheitsgrad nahe an der idealen Lösung (das noch nie Dagewesene), die Originalität und Nützlichkeit der Lösung besonders bedeutend. Er ist auch bei den komplexen Lösungsfindungsprozessen relevant, wie z.B. bei der Kombinations- oder Variationsmethode gemäß Fall 2, da diese letztendlich nach dem Zerlegen und vor der Synthese auf solche „elementaren" Lösungsfindungs-Schritte gemäß Fall 1 zurückgeführt wird.

Fall 2: Lösungsfindung für komplexe innovative Problemlösungen ausgehend von bekannten oder analogen Verfahrens-Prinzipien, Funktions-Prinzipien oder Gebilde-Prinzipien.

Ausgehend von bekannten oder analogen Prinzipien, die als Ausgangspunkt für die angestrebte Problemlösung geeignet oder bedingt geeignet erscheinen, wird eine schöpferische Entwicklung zur innovativen Lösungen angestrebt.

Für diesen Fall 2 sind z.B. die *methodischen Vorgehensweisen* für die Lösungsfindung gemäß Bild 23 geeignet. Besonders erfolgreich werden folgende Methoden angewendet:

- *Die Variationsmethode:* Die Lösungsfindung erfolgt durch die Strukturvariation nach den Variationsprinzipen oder durch das Verändern der Umgebung und anschließend durch die Synthese der neuen Einzellösungsideen zu einer innovativen Gesamtlösung.

  Das Generieren von Lösungen durch Variation kann erfolgen durch die *Variationsprinzipien* Zerlegen, Abtrennen, Umkehren, Austauschen, Hinzufügen, Weglassen, Zusammenfassen, Verknüpfen, Integrieren, Kombinieren, Umgehen, Verlagern, Kompensieren, Abmindern, Erhöhen, Vergrößern, Minimieren, Maximieren, Abstrahieren.

  Die Variation bezieht sich auf *Strukturkomponenten und Eigenschaften des Systems*, z.B. auf Teilsysteme, Elemente, Kopplungen, Anordnungen, technisch-naturgesetzlicher Effekte, Einwirkungen, Auswirkungen, Wirkpaarungen, Verbindungen, Parameter und Restriktionen [4, 16, 22, 33, 49].

- *Die Kombinationsmethode:* Bei dieser Lösungsfindung werden für *variable Strukturkomponenten* (z.B. für Teilfunktionen, Teilsysteme) *Varianten* für Grundprinzipien oder Realisierungsideen ermittelt. Sie werden in einer Kombinationsmatrix eingeordnet und durch Kombinationen zu Gesamtlösungen synthetisiert. Aus der großen Zahl der möglichen Kombinationen müssen die erfolgversprechenden *Komplexionen* erkannt bzw. identifiziert werden [4, 6, 31, 49].

Mit dem Vorgehen nach diesen Methoden können neuartige, attraktive, innovative Problemlösungen entwickelt werden, aber unter Umständen auch nur optimierte Lösungen entstehen. *Beide*

*Methoden führen letztendlich auf die sogenannten „elementaren"
Lösungsschritte gemäß Fall 1 zurück.* Der Neuheitsgrad kann sowohl
aus dem kreativen „elementaren Lösungsschritt" für Einzellösungen
als auch durch neuartige Kombinationen generiert werden.

- *Die Analogiemethode:* Die Lösungsfindung erfolgt, indem für das
  System oder die Problemstellung aus den relevanten Funktions-
  oder Strukturmerkmalen die Suchmerkmale abgeleitet werden.
  Danach sind analoge Bereiche durch schrittweise Abstraktion zu
  suchen (z.B. benachbarte, entfernte, natürliche, gesellschaftliche
  Bereiche), aus denen mit den Suchmerkmalen analoge Objekte für
  Lösungsansätze identifiziert werden können, die den Suchmerk-
  malen hinreichend entsprechen. Diese Lösungsansätze können
  entweder direkt genutzt oder durch Konkretisieren, Kombinieren,
  Variation zur Problemlösung weiterentwickelt werden [4, 5, 6, 33].

Fall 3: Lösungsfindung für komplexe Problemlösungen für grundlegend neue, noch nie dagewesene Verfahren und Gebilde.

Fall 3 hat Bedeutung, wenn für die komplexe Problemstellung kei-
nerlei geeignete Lösungsansätze oder -prinzipien als Ansatz für
die Lösungsfindung erkannt wurden. In diesem Fall geht es dann
in der Technik und Wissenschaft um eine Grundsatz- bzw. Neuentwicklung für Verfahren, Gebilde oder Technologien (Bild 17).
Solche Grundsatz- und Neuentwicklungen sind in der Praxis seltener. Für Fall 3 ist es günstig und oft unumgänglich, ausgehend
von der zu erfüllenden Gesamtfunktion die Entwicklungsstufen
Verfahrens-, Funktions- und Gebildeprinzip schrittweise gemäß Bild
4, 14 und 21 zu durchlaufen. Auch bei diesem Vorgehen wird angestrebt, nach der ersten Strukturierung der zu erfüllenden Funktion die Lösungsfindung für die erkannten Kernprobleme auf Fall 1
zurückzuführen.

6.3. Dekomposition – Konkretisieren – Komposition

Mit diesem Grundsatz von *Dekomposition–Konkretisieren–Komposition* können, ausgehend von der hierarchischen Struktur von Systemen, neue Lösungen für komplexe Systeme gebildet werden, indem

- durch *Zerlegen* (Dekomposition) die Gesamtheit der Systeme, für die kein Zugang zur Lösung gefunden wird, so weit in „Teile" aufgespalten wird, bis für diese „Teile" durch Suchen, Identifikation oder Intuition die Lösbarkeit möglich erscheint,

- durch *Konkretisieren* der gebildeten Teile, z.B. durch Suchen, Teillösungsvarianten gefunden werden können und

- durch *Kombinieren* der Teillösungen zu *Gesamtlösungen* (Synthese, Komposition) neue Lösungsvarianten für die Gesamtheit entwickelt werden können.

Das systematische Zerlegen führt zu kleinen, überschaubaren, einzelnen Lösungsschritten, ermöglicht das Erkennen der zu lösenden Teilprobleme und bildet damit den Ausgangspunkt für das Generieren oder Finden von innovativen Lösungen.

Auf Grund der hierarchischen Struktur von Systemen wird für komplexe Systeme das Dekompositions- und Kompositions-Prinzip oft in mehreren Hierarchieebenen notwendig, um zu den Teilproblemen vorzustoßen, für welche die Lösungsfindung möglich wird, um danach schrittweise durch Komposition der Teillösungen zurück über mehrere Ebenen die Gesamtlösung zu gewinnen (Bilder 18 und 19).

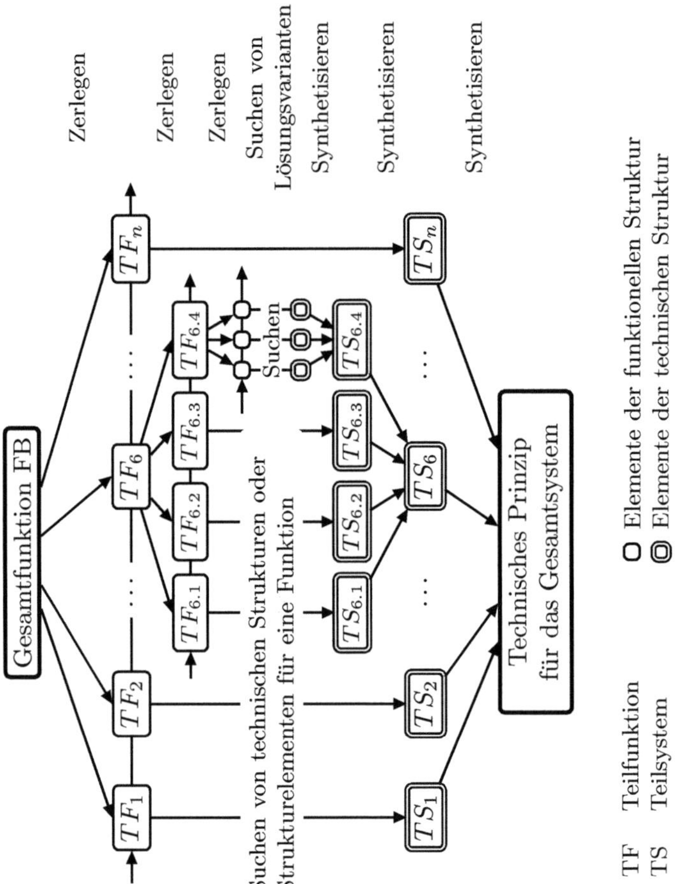

Bild 18: Zerlegen der Gesamtheit in Teilsysteme, Konkretisieren durch Teillösungen und Synthese der Teillösungen zur Gesamtheit am Beispiel des Übergangs von der Gesamtfunktion zum technischen Prinzip

Der Grundsatz von „Dekomposition–Konkretisieren–Komposition"
gilt nicht nur für die Lösungsfindung, sondern ist auch für die Zerlegung des Problems und der Aufgabenstellung in Teilprobleme
und Teil-Aufgabenstellungen *unverzichtbar* (Bild 13). Er ermöglicht
den Überblick sowie das Erkennen der Teile, Zusammenhänge und
Schwerpunkte, die lösungsrelevant sind. Er macht das fehlende Wissen sichtbar und unterstützt durch die anschließende Synthese der
Teillösungen das Finden völlig neuer Lösungen und einen erfolgreichen und kreativen Zugang zur Gesamtlösung.

In Bild 18 wird dieses Prinzip am Beispiel des Technikbereiches in
Schritten modellhaft skizziert:

- Die Gesamtheit wird durch die Gesamtfunktion als Funktionsbeschreibung FB repräsentiert, z.B. für Gebilde oder Verfahren.

- Das Zerlegen von FB führt z.B. zu Teilfunktionen (TF_1 bis TF_n),
  oder zu Teilsystemen.

- Für die Teilfunktionen $TF_1, \ldots, TF_n$ werden durch Suchen oder
  Identifizieren Teillösungen (z.B. die Teillösungen $TS_1, \ldots, TS_n$)
  im Feld bekannter Lösungen gefunden [45].

- Die Teilfunktion TF_6 stellt den Problemkern dar, für den noch
  kein Zugang zur Lösung erkennbar ist. Es folgt ein weiteres Zerlegen (z.B. in $TF_{6.1}, \ldots, TF_{6.4}$).

- Für die Teilfunktionen $TF_{6.1}, \ldots, TF_{6.3}$ werden auf dieser Ebene
  schöpferisch Teillösungen ($TS_{6.1}, \ldots, TS_{6.3}$) gefunden, z.B. gemäß
  Fall 1 in Punkt 6.3 und nach [58].

- Für die Teilfunktion $TF_{6.4}$ ist erst nach weiterem schöpferischen
  Zerlegen, Konkretisieren und Kombinieren der Zugang für die
  Teillösung $TS_{6.4}$ möglich, z.B. mit den heuristischen oder innova-
  tiven Prinzipien.

- Durch Synthese der gewonnen Teilsysteme $(TS_{6.1}, \ldots, TS_{6.4})$ wird das Gebildeprinzip für TS_6 generiert.

- Im letzten Syntheseschritt wird mit den Teilsystemen dieser Ebene $(TS_1 - TS_n)$ das Gebildeprinzip für das Gesamtsystem entwickelt.

Bild 18 verdeutlicht für einen auf Innovation orientierten Lösungsprozess das *Zusammenspiel*

- der *entwickelnden Arbeitsweise*, z.B. für die Teilfunktion TF_6 bis zur Teilfunktion $TF_{6.4}$, bei der Teillösungen generiert werden (z.B. $TS_{6.4}$),

- und der *projektierenden Arbeitsweise*, z.B. für die Teilfunktionen $TF_1 \ldots TF_n$, für die Teillösungen durch Auswählen und eventuelle Anpassung bekannter Lösungen gewonnen werden.

Durch die Synthese der neu entwickelten und der schon bekannten Teillösungen können innovative Gesamtlösungen generiert werden.

Mit diesem Vorgehen gliedert sich der Lösungsfindungsprozess in Abhängigkeit von der Komplexität und der hierarchischen Struktur des Systems und in mehrere Zerlegungs-, Lösungsfindungs- und Kombinations-Stufen (Bilder 13 und 18). Durch die Bildung von Lösungsvarianten in den einzelnen Zerlegungs- und Synthese-Ebenen (Bild 19) wird der Lösungsprozess noch wesentlich komplexer. Damit wird die einfache, lineare Folge der Phasen des Problem-Lösungs-Prozesses in Bild 14 detailliert und stark vernetzt.

In der Praxis zeigt sich, dass ein methodisch-systematisches Vorgehen für die Lösungsfindung dieses verzweigten Prozesses eine sehr wirksame Unterstützung ist. Dieser Grundsatz gilt auch für die Lösungsfindung nichttechnischer Systeme, z.B. für Programme, informations-technische Systeme, Organisationssysteme, Konzepte oder Strategien [38].

6.4 Variantenbildung und Varianteneinschränkung

Die *Variantenbildung* schafft ein Ideen-Reservoir und erhöht bei der Nutzung der Widerspruchslösung die Wahrscheinlichkeit, nah an das potenzielle Lösungs-Ideal, den idealen Endzustand, heranzukommen.

Für die durch Zerlegen gebildeten Strukturbestandteile, die als Suchfrage bzw. als Variable gelten, werden Varianten ermittelt, z.B. alternative Realisierungsmöglichkeiten, Effekte, Ideen oder Teillösungen.

Mit dem Modell im Bild 19 wird die schrittweise Variantenbildung und -einschränkung in mehreren Zwischenstufen dargestellt,

- ausgehend von der Gesamtfunktion FB
- über die Verfahrensprinzipien (V_1 bis V_3) und die Bildung von Teilfunktionen $TF_1, \ldots, TF_3$ für das Verfahrensprinzip V_2,
- das Finden von Effekten für die Teilfunktionen und ihre Einschränkungen,
- das Gewinnen von Funktionsträgern und ihre Einschränkung für die Funktionsstruktur
- bis zu Gesamt-Prinzipvarianten $V_{2.1}$ bis $V_{2.i}$ durch die Synthese ausgewählter Funktionsträger
- und Auswahl des priorisierten Gesamt-Funktions-Prinzips $V_{2.4}$ durch Bewerten.

Die *Varianteneinschränkung* ist somit in jeder Zwischenstufe ein bedeutender Grundsatz. Sie unterstützt einerseits die Erhaltung des

Überblicks, die Annäherung an das „Lösungs-Ideal" und die Vermeidung einer irritierenden „Ideenflut" und andererseits das Erkennen der innovativen, aussichtsreichen Varianten und die Beherrschung des Aufwandes.

Für das Erkennen der aussichtsreichsten Varianten werden die Varianten hinsichtlich der Zweckerfüllung, ihrer Wirkungsweise und Hauptforderungen bzgl. ihrer Plausibilität, des vorstellbaren Neuheitsgrades, Erfüllungsgrades, Nutzens und *bedingt* auch schon bzgl. der Machbarkeit vorausschauend eingeschätzt und ausgewählt.

Mit diesem wichtigen Grundsatz der Varianteneinschränkung können in jeder Zwischenstufe *bei geeigneter Suchfrage* mehrere alternative Lösungs-Varianten mit der Chance auf attraktive Ideen gewonnen werden. Damit kann einerseits das zu frühe Einengen auf eine beliebige oder vorgefasste Lösung verhindert werden. Andererseits ist in der Prinzip-Phase der Aufwand für die Lösungsvariantenentwicklung, -prüfung und -bewertung qualitativer, abstrakter Lösungen unvergleichlich kleiner als später in der Gestaltungs- oder Verifikationsphase.

Dieser Schritt erfordert in der Prinzip-Phase ähnlich viel Kreativität wie für das Ermitteln von Lösungs-Ideen. Das Erkennen, welche der Varianten am besten geeignet sind, erfordert nicht nur viel Wissen, Erfahrung und Systematik, sondern auch die Fähigkeit zum vorausschauenden Denken, zu gedanklichen Experimenten, zum Schätzen und Bewerten. In dieser Phase wird in hohem Maße vorausschauendes Denken, Intuition sowie Inspiration, Phantasie, Herantasten, Probieren, Vorstellungskraft, Schlussfolgern erforderlich, um den nötigen „AHA-Effekt" für das Erkennen der besten Ideen zu erreichen.

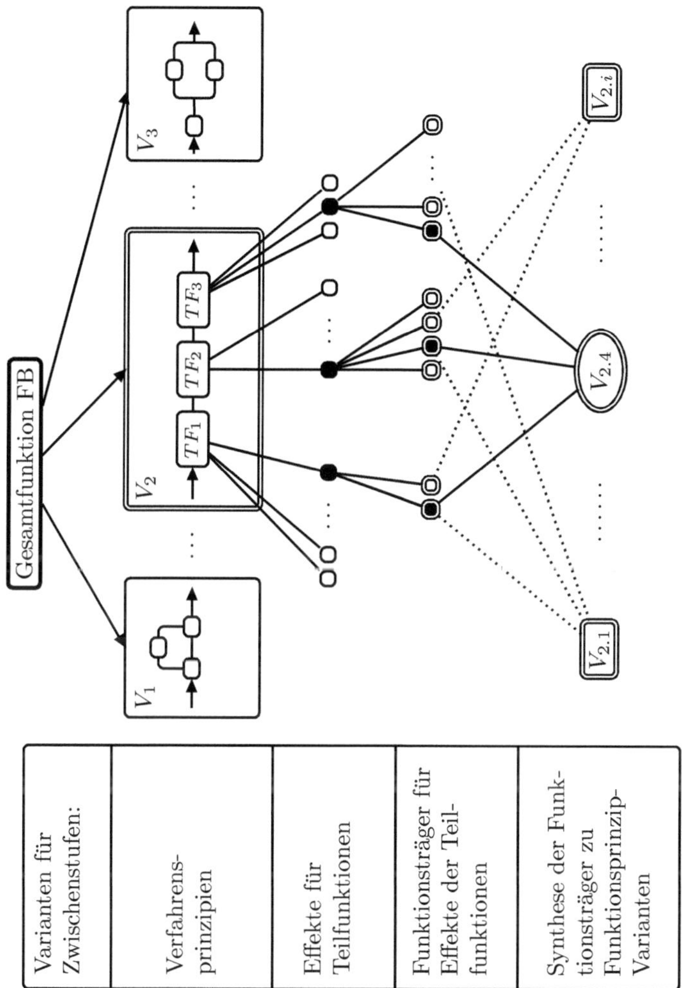

Bild 19: Variantenbildung und -einschränkung im Problem-Lösungs-Prozess am Beispiel des Übergangs von der Gesamtfunktion zum Funktionsprinzip

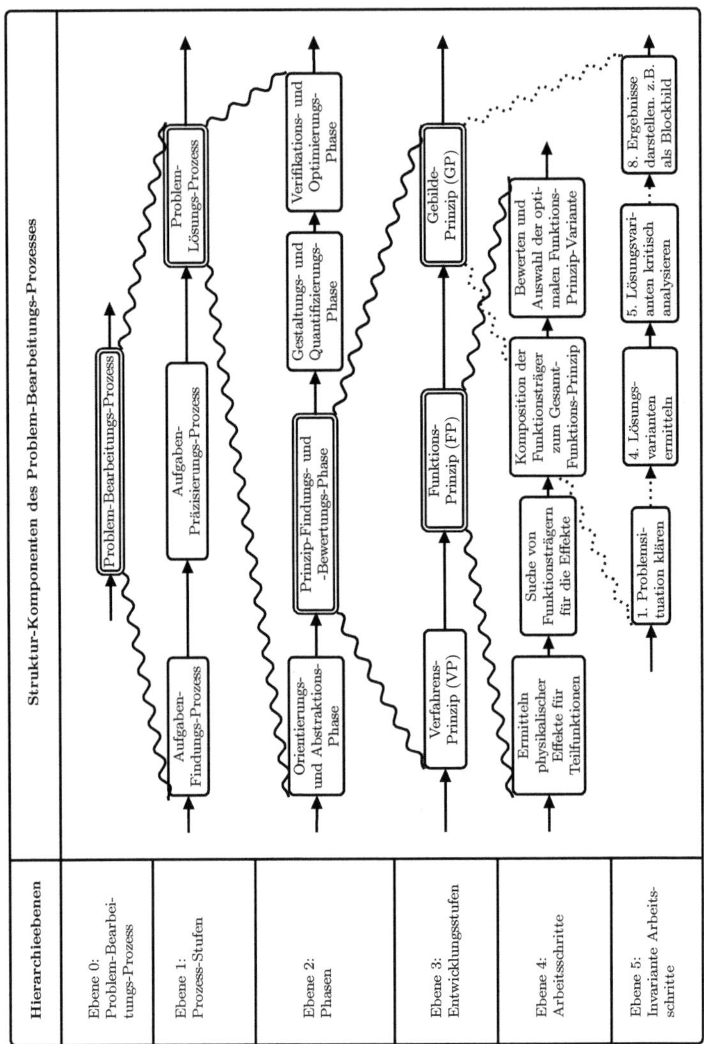

Bild 20: Hierarchische Struktur des Problem-Bearbeitungs-Prozesses am Beispiel „Entwicklung technischer Systeme"

Diese *duale Erscheinungsform* der „Einheit von Lösungs-Ideenfindung sowie Ideen-Einschätzung und -Einschränkung" lässt sich mit der schematischen Darstellung in Bild 19 symbolisieren. Es zeigt auch, dass die Struktur des Lösungsprozesses dadurch weiter zergliedert, verzweigt und vernetzt wird.

Es ist auch hier einsichtig, dass ein allgemeines Prozessmodell diese Vielfalt nicht abbilden kann. Es ist aber auch nachvollziehbar, dass die Entwicklung eines fallspezifischen, konkreten Vorgehens durch die bewusste Nutzung des allgemeinen Prozessmodells, der Merkmale und Grundsätze des Problem-Lösungs-Prozess, heuristischen Methoden und innovativen Prinzipien wirksam unterstützt werden kann.

6.5. Der hierarchische Charakter des Problem-Lösungs-Prozesses

Die Abläufe im Problem-Lösungs-Prozess und das allgemeine Prozessmodell des Problem-Bearbeitungs-Prozesses sind für komplexe Probleme in der Praxis durch eine hierarchische Struktur mit mehreren Hierarchieebenen geprägt (Bild 20) [14].

Der hierarchische Charakter des Problem-Lösungs-Prozesses wird wie folgt von mehreren Aspekten beeinflusst:

- Von den methodischen Gesetzmäßigkeiten in den Übergängen 1 und 2 (Bild 3). Das gilt vor allem für die Hierarchieebenen 1, 2 und 5 in Bild 20.

- Von den allgemeingültigen Systemmerkmalen nach Bild 16. Für die Systemmerkmale sind die Lösungen in den Entwicklungsstufen schrittweise zu generieren. Das gilt z.B. für die Ebenen 3 und 4 [14, 24].

- Von der Komplexität und der damit verbundenen hierarchischen Struktur des Problems und des zu entwickelnden Systems. Die Strukturierung des Prozesses erfolgt hier nach dem Zerlegungs- und Kompositions-Prinzip gemäß Abschnitt 6.3 im Bild 18.

Der Arbeitsprozess verlagert sich in der hierarchischen Struktur von der aktuellen Arbeitsebene durch Zerlegen und Substitution in die tiefer liegende Ebene der Untersysteme. Diese Verlagerung wird notwendig, wenn auf der aktuellen Arbeitsebene kein Zugang zur Lösung gefunden werden kann, z.B. wegen zu großer Komplexität der Probleme und Widersprüche oder wegen Informationsmangel. In der tiefer liegenden Arbeitsebene wird mit einer detaillierten Operationsfolge der Zielzustand der verlassenen Ebene als Zwischenlösung erarbeitet. Für das Realisieren des Substitutionsprinzips werden analog zu Algorithmen detaillierte Operationsfolgen für das Erarbeiten des angestrebten Zielzustandes genutzt oder entwickelt. Nach Erreichen des Zielzustandes wird wieder in die vorherige Hierarchieebene aufgestiegen und die Bearbeitung dort fortgesetzt. Nicht selten sind solche Substitutionen in mehreren Ebenen notwendig (Bilder 13, 18, 20).

Das Vorgehen bei der Substitution kann unter Umständen durch allgemeingültige *heuristische Programm-Ablaufpläne* unterstützt werden, z.B. mit dem Programm-Ablaufplan für die Prinzip-Phase in Bild 21 und weiter durch Unterprogramme oder heuristische Methoden, wie z.B. das Unterprogramm 2 „Verbessern des technischen Prinzips" oder das Unterprogramm 6 „Varianten Bewerten und Entscheiden" [39].

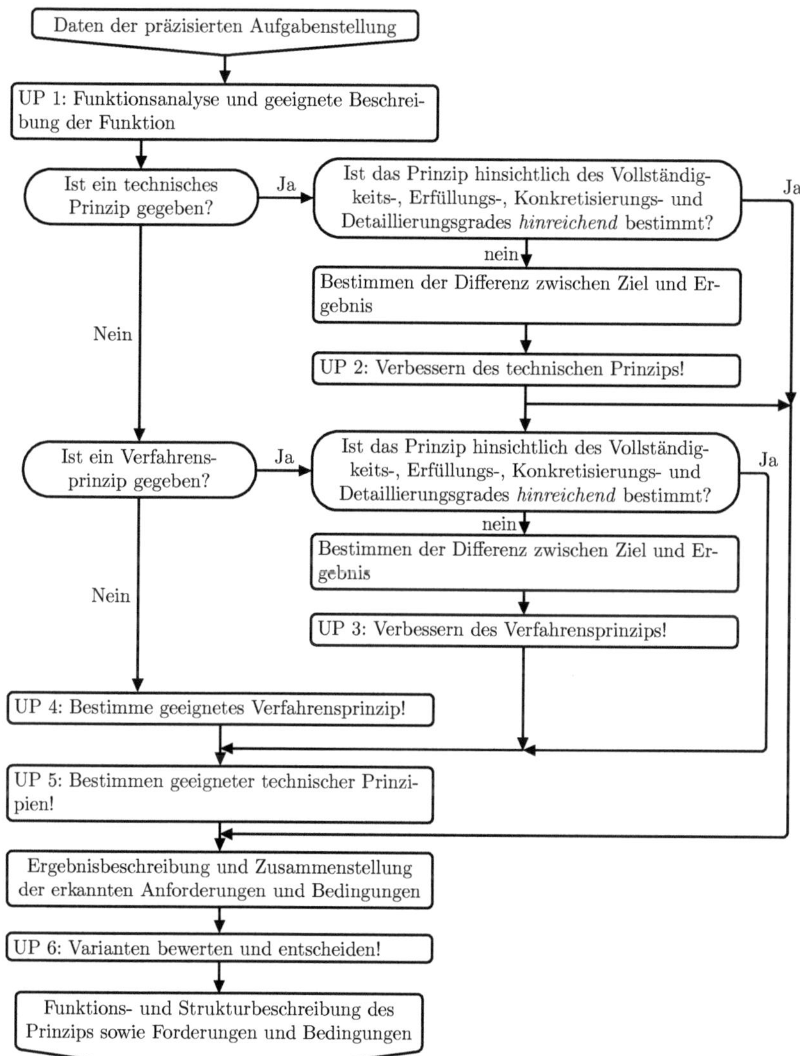

Bild 21: Programmablaufplan für die Prinzip-Phase am Beispiel technischer Gebilde

Heuristische Programm-Ablaufpläne, wie zum Beispiel in [26], können für das kreative Arbeiten genutzt werden. Sie sind für die Planung und Strukturierung des Vorgehens, vor allem bei Teamarbeit, nützlich. *Determinierte Programme*, die es allerdings in großer Zahl gibt, führen nicht in geeigneter Weise zu Schöpfertum und zur kreativen Lösungsfindung.

6.6. Heuristischen Methoden als Strukturbestandteile des Problem-Lösungs-Prozess

Die in Bild 22 zusammengestellten Lösungsfindungs-Methoden fördern die Kreativität durch das gezielte Hinführen zum entscheidenden kreativen Lösungsschritt. Sie strukturieren durch Substitution den Problem-Lösungs-Prozess auf einer detaillierten Ebene. Ein Beispiel für die Strukturierung des Problem-Lösungs-Prozesses ist für den Lösungsfindungs-Fall 2 im Abschnitt 6.2 erwähnt. Hier strukturieren die Variations-, Kombinations- oder Analogie-Methoden das weitere Vorgehen.

Die Vielzahl der in der Literatur dargestellten heuristischen Methoden ist extrem groß. Sie lassen sich jedoch auf wenige grundlegende Methoden zurückführen, die flexibel und sachkundig für die verschiedenen Situationen durch die Bearbeiter modifiziert werden können.

Besonders wichtig sind die folgenden Lösungsfindungs-Methoden, die z.B. in [4, 5, 13, 22, 46, 49] dargestellt und an Beispielen ausführlich erläutert sind:

- Suchmethoden zur Identifikation von bekannten und neuen Lösungsmöglichkeiten

- Heuristische Suchmethoden, z.B. mit den innovativen Prinzipien, Effekt- und Wirkprinzip-Katalogen

- Analogiemethoden
- Variationsmethoden
- Kombinationsmethoden
- Feldforschungs-Methoden
- Dialogmethoden, für die vielfältige alternative Möglichkeiten bekannt sind.

Diese Methoden sind komplex und integrieren je nach Situation die erforderlichen Analyse- und Abstraktions-Methoden. So z.B. die Systemanalyse, Strukturanalyse, Funktionswertflussanalyse, Defektanalyse, Fehleranalyse, Zielbaumanalyse, Umfeldanalyse und Bewertungsmethoden [4, 5, 8, 13, 15, 37, 48, 49]. Sie sind Strukturbestandteile der Prozessmodelle.

Sie untersetzen die Arbeitsschritte des Prozessmodells detailliert und instruktiv und bilden damit in ihrer Verknüpfung die letzte praktische, noch allgemeingültige Strukturebene des allgemeinen Prozessmodells. Damit sind sie auch eine Brücke zwischen dem allgemeinen Prozessmodell und dem praktischen Problemlösungsprozess.

Die für die kreative Lösungsfindung sehr wertvollen heuristischen Prinzipien und Regeln [14], innovativen Prinzipien [56, 57, 58], die 40 Altschullerprinzipien [2] oder die Kreas von Stanke [49] sind sehr kreativitätsfördernd und generierend innerhalb der komplexen induktiven und deduktiven Lösungsfindungs-Methoden. Sie werden unmittelbar und letztendlich bei systematischer Anwendung wirksam als „Ideengenerator" für den entscheidenden kreativen Lösungsschritt. Sie sind vor allem wirksam beim Generieren der Lösungsideen und beim Finden der naturgesetzlichen Effekte, Wirkprinzipien und Realisierungsgrundsätze, die nicht nur deduktiv gewonnen werden können. Sie sollten jedoch nicht deterministisch angewendet werden.

Heuristische Methoden	Anwendung im Problem-Lösungs-Prozess				
	VP	FP	GP	TK	TE
Lösungsfindungs-Methoden					
1. Suchen bekannter Lösungen	++	++	++	++	++
2. Suchen mit innovativen Prinzipien	o	++	++	+	
3. Suchen von Effekten, Wirkprinzipien		++	++	+	
4. Analogiemethode	++	++	++	+	
5. Variationsmethode	++	++	++	++	++
6. Kombinationsmethode		++	++	+	o
7. Feldforschung		++	++	+	
8. Dialogmethoden	++	++	++	+	o
9. Intuitionsförderne Regeln	++	++	++	+	o
Analyse-Methoden					
10. Blackbox-Analyse	+	+			
11. Systemanalyse	++	++	++	++	++
12. Funktionsflusswert-Analyse	++	++	+	+	
13. Strukturanalyse	++	++	++	++	++
14. Defektanalyse	++	++	++	++	++
15. Fehlerkritische Analyse				++	++
16. Modellverfahren			+	++	++
17. Experimentelle Methode				++	++
18. Einsatzanalyse			+	++	+
Bewertungs-Methoden					
19. Duale Bewertung	++	++	++	+	+
20. Mehrwertige Bewertung		+	+	++	++

Bild 22: Heuristische Methoden für die Entwicklung innovativer Lösungen

Legende:

VP   Verfahrensprinzip

FP   Funktionsprinzip

GP   Gebildeprinzip

TK   Technisches Konzept

TE   Technischer Entwurf

$++$ gut anwendbar

$+$ anwendbar

o   bedingt anwendbar

7. Modelltyp 2 – Invariante Arbeitsschritte für den Problem-Lösungs-Prozess – ein „Lösungs-Modul"

Ansatz. Aus langjährigen und vielfältigen Analysen und Genesen von Erfindungsprozessen und Prozessen zur Entwicklung von nicht-technischen innovativen Neuerungen wird ersichtlich, dass die Prozesse bei entsprechender Verallgemeinerung in den Phasen und Entwicklungsstufen des Problem-Lösungs-Prozesses (PLP) in vergleichbarer Weise und auf gleichen Bahnen verlaufen. Es sind bei geeigneter Abstraktion für den Problem-Lösungs-Prozess *invariante Arbeitsschritte* erkennbar, die unabhängig vom Gegenstand, dem Problem, dem Ziel, der Komplexität und der Bearbeitungssituation immer wieder auftreten.

Modell-Typ 2 wird in die Abschnitte Vorbereitung, Durchführung und Nachbereitung der Lösungsfindung gegliedert und durch acht invariante Arbeitsschritte strukturiert (Bilder 15 und 23). Die invarianten Arbeitsschritte werden in Bild 24 durch typische Zwischenergebnisse für die Problemlösung technischer Systeme ergänzt. Das Modell mit den acht Arbeitsschritten kann als ein invarianter *„Lösungs-Modul"* aufgefasst werden, der universelle Gültigkeit hat.

Diese invarianten Arbeitsschritte wiederholen sich, wie z.B. in Bild 15 sichtbar ist, in den Entwicklungsstufen 1 bis 7 des Problem-Lösungs-Prozesses und in all seinen Hierarchiestufen. Dabei müssen sie je nach Arbeitsstand, Problem, Ziel, Inhalt, Komplexität und Hierarchiestufe nicht immer vollständig bearbeitet werden.

Der invariante Problem-Lösungs-Modul in Bild 23 ist jedoch für konkrete Problem-Lösungs-Prozesse in der Praxis stets in den vorgängigen und übergeordneten Gesamtprozess einzuordnen. Diese

Einordnung erfolgt, wie in Bild 23 durch gestrichelte Pfeile angedeutet,

- einerseits durch die Nutzung der Führungsgrößen und gewonnenen Informationen aus den vorgängigen und übergeordneten Prozessen und

- andererseits durch die mitunter notwendigen Rückkopplungen $b \to b' \to b''$ (siehe gepunktete Pfeillinie) in vorgängige oder übergeordnete Arbeitsschritte und Prozesse, vor allem dann, wenn die Lösungsermittlung in den Arbeitsschritten 5, 6 oder 7 nicht zufriedenstellend möglich waren.

Die in Bild 23 dargestellte serielle Folge der Arbeitsschritte 1 bis 8 soll im realen praktischen Problem-Lösungs-Prozess nicht zum linearen, formellen Abarbeiten führen. So sind je nach Inhalt und Gegenstand, dem konkreten Ziel, dem erreichten Bearbeitungsstand, der Komplexität der Aufgabenstellung und der Hierarchieebene, in der die Bearbeitung erfolgt, Abweichungen vom seriellen Ablauf möglich, zweckmäßig und notwendig. Typische Abweichungen für ein kreatives, wechselseitiges Arbeiten können z.B. Vorgriffe auf Arbeitsschritte verbunden mit Schleifen, Auslassungen, Rückkopplungen in vorgängige Arbeitsschritte, quasi paralleles Arbeiten oder Verschmelzen von Arbeitsschritten sein.

In Bild 23 sind beispielhaft häufig notwendige Abweichungen dargestellt wie etwa

- Rückkopplungen $a \to a' \to a''$ in vorgängige Arbeitsschritte für den Fall, dass bei der Lösungskritik, dem Verbessern der Lösung oder dem Bewerten der Varianten erkennbar wurde, dass die ermittelten Lösungen noch nicht zum angestrebten Ergebnis führen und die Lösungssuche insgesamt neu angegangen werden sollte.

- Vorgriffe oder Sprünge c in vorgelagerte Arbeitsschritte, wenn vorausschauende Überlegungen günstig sind oder wenn Arbeitsschritte aufgrund des Arbeitsstandes nicht notwendig erscheinen und damit ausgelassen werden können.

Anwendung, Nutzen. Der invariante Charakter des Lösungs-Moduls ermöglicht seine Anwendung in allen Problemlösungs-Situationen des Innovationsprozesses. Er bietet dem Nutzer eine große Flexibilität. Sein wirksamster Einsatz ergibt sich, wenn er für die Planung und operative Gestaltung seines Vorgehens die Wesensmerkmale des Problem-Lösungs-Prozesses (siehe Kapitel 6) problemspezifisch schöpferisch anwendet. Das Vorgehen vereinfacht sich bzgl. der Arbeitsschritte 1 bis 3, wenn vor der Lösungs-Phase in der Problemanalyse-Phase der Problemkern und eine präzisierte, erfinderische Aufgabenstellung erarbeitet wurden. Die Arbeitsschritte 1 bis 3 sollten jedoch auch dann nicht völlig unbeachtet bleiben.

Die invarianten Arbeitsschritte dieses Modells des Problem-Lösungs-Prozesses bieten dem Nutzer eine wirksame Unterstützung für

- die Gestaltung des problemspezifischen Vorgehens, besonders bei kreativer Teamarbeit,

- eine kreative, methodisch-systematische Lösungsfindung,

- den gezielten Wechsel zwischen Lösungsfindung, Lösungskritik, Analyse und Bewertung

- sowie das Zuordnen und Anwenden der geeigneten heuristischen Methoden, Prinzipien und Regeln.

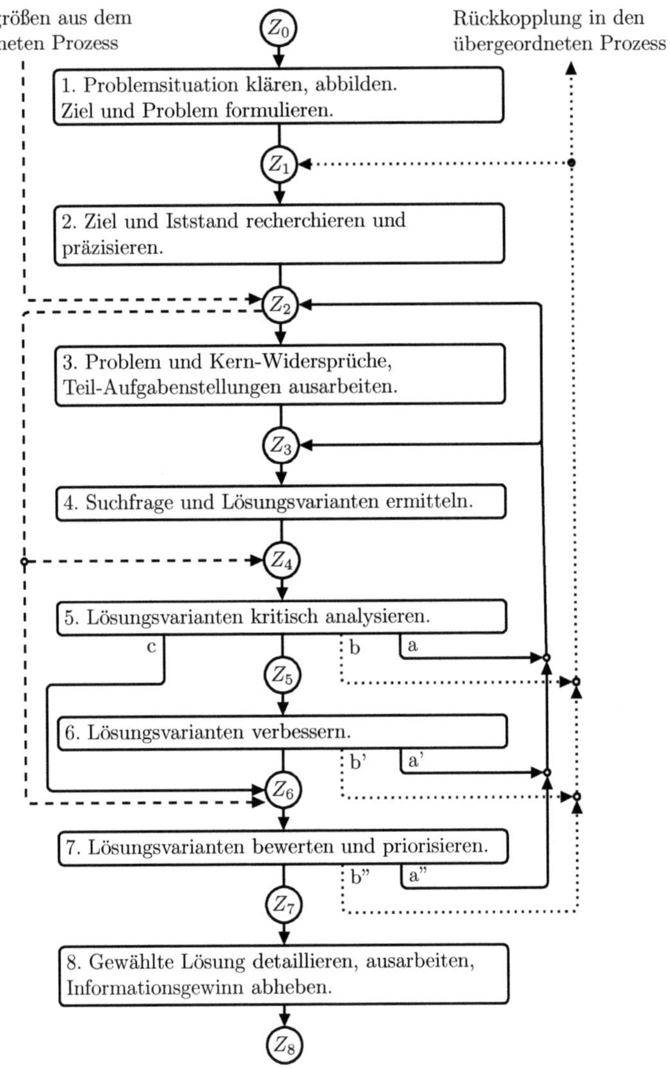

Bild 23: Invariante Arbeitsschritte im Problem-Lösungs-Prozess („Lösungs-Modul")

Vorbereitung

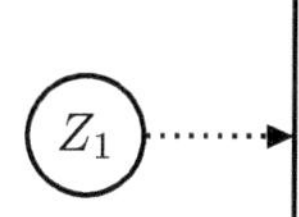

- Problemfeld abgegrenzt, analysiert.
- Bedürfnisse, Trends, Ziel-Information, Endergebnis erarbeitet
- System analysiert, Hindernisse und Ursachen erfasst
- Wesen des Problems grob fomuliert

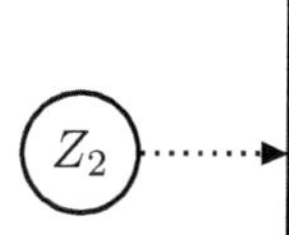

- Ziel/Endergebnis herausfordernd gestaltet
- Anforderungen und Restriktionen anspruchsvoll definiert
- Bekanntes zu System und Umgebung analysiert
- Wissen allseitig angereichert

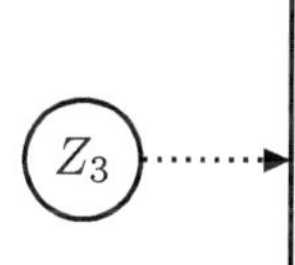

- Problem analysiert und zerlegt. Problemkern, Widersprüche, Ursachen, Wirkungen erkannt
- Teil-Aufgabenstellugnen präzisiert, Lösungsrichtungen abgeleitet
- Suchfeld abgegrenzt

Durchführung

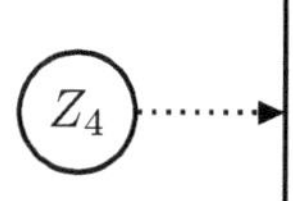

- Lösungs- und widerspruchsrelevante Schwerpunkte ermittelt, Suchfrage als *Soll*-Satz gestaltet
- Lösungsideen und Teillösungen ermittelt
- Gesamtlösungs-Varianten synthetisiert
- Erfolg versprechende Varianten identifiziert

Fortsetzung nächste Seite

Nachbereitung

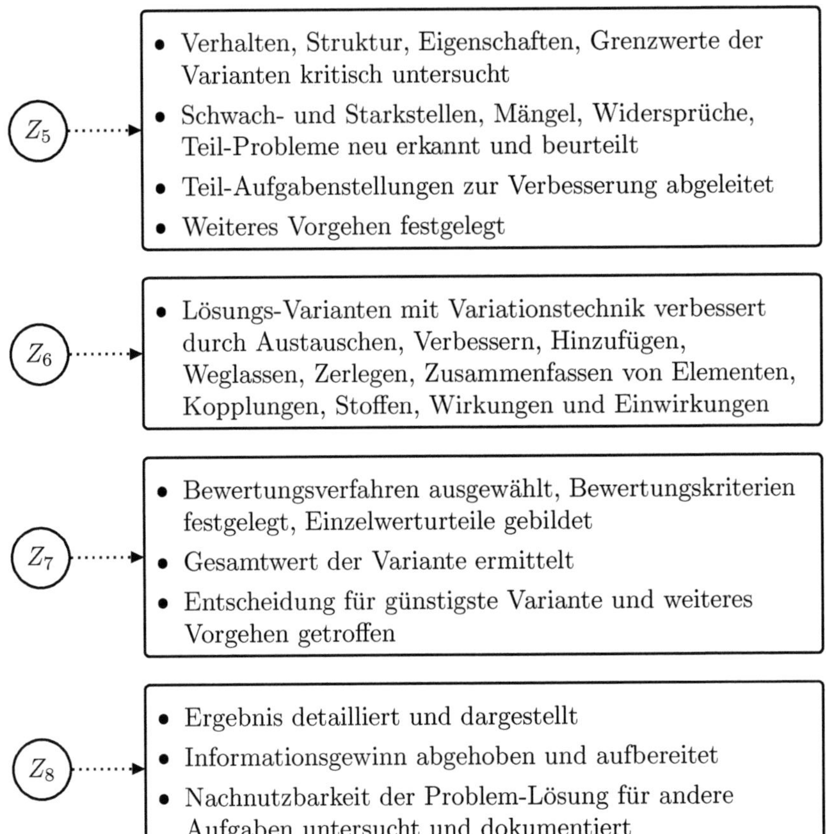

Bild 24: Merkmale der Zwischenergebnisse Z_1 bis Z_8 im Problem-Lösungs-Prozess

7.1. Die Vorbereitung der Lösungsfindung

In diesem Abschnitt (Arbeitsschritt 1 bis 3) geht es vor allem um das Bewusstmachen und Verstehen des Problemfeldes, das Sensibilisieren und Motivieren sowie das Erkennen des Problems, des Widerspruchs bzw. der Barriere, die den Zugang zur Problemlösung versperren. Weiterhin geht es um das Sammeln, Analysieren und Strukturieren von wichtigen Informationen, das Ermitteln der innovativen Zielsetzung und um die detaillierte Analyse, Zerlegung und Präzisierung des Problems oder Widerspruchs. Dazu sind vier komplexe Arbeitsschritte geeignet.

Dazu sind vier komplexe Arbeitsschritte geeignet.

Arbeitsschritt 1: Das Abbilden des Problemsachverhaltes.

Mit diesem Arbeitsschritt kann der Ein- und Überblick und das Bewusstmachen mit folgenden Teil-Schritten erreicht werden:

- Problemfeld und -sachverhalt erfassen, abgrenzen, analysieren, verinnerlichen.

- Endergebnis oder Zielsetzung aus dem Bedürfnisspektrum und vorhandenen Zielinformationen ableiten. Z.B. was soll erreicht, verbessert, verhindert, ersetzt, gewonnen werden? Wie kann die „ideale Lösung", das Modell der besten vorstellbaren Lösung aussehen?

- Objektbereich, angrenzende Bereiche und das Umfeld für bekannte und analoge Systeme analysieren. Darstellen der Systemmerkmale (Bild 16), wie Verhalten, Zustand, Funktion, Verfahren, Funktionsweise, Wirkprinzipien, Elemente, Kopplungen, Anordnungen, Wirkungen, Nebenwirkungen, Umstände, Parameter.

- Erkennbare System-Merkmale identifizieren, die dem Erreichen des Endergebnisses entgegenstehen könnten.

- Wissen anreichern, analysieren, Entwicklungstrends und -potenzial ermitteln und Schlussfolgerungen ziehen.

- Erste, einfache Problemformulierung als Orientierung für den Folgeprozess erstellen.

- Erstes Abheben der Hindernisse oder Gegensätze bzw. *so weit schon erkennbar der Widersprüche.*

Arbeitsschritt 2: Ziel und Iststand recherchieren und präzisieren.

Teilschritt 2.1: Präzisieren der innovativen Zielsetzung und Hauptanforderungen.

- Zielsetzung und Haupt-Anforderungen anspruchsvoll bis zugespitzt präzisieren, klar, knapp, einfach formulieren. Z.B. zu erfüllender Zweck, gewünschte Wirkungen, Effekte, Veränderung, Verbesserung bis hin zum Lösungs-Ideal, Teil- und Zwischenziele für die Zielbildung nutzen und verdichten.

- Grenzen definieren und eventuell variieren. Ermitteln *zwingend* unveränderlicher Funktionen, Elemente, Wirkungen, Eigenschaften, Restriktionen, jedoch nicht ungeprüft.

- Zielvariation probieren, wenn keine Lösungschancen gesehen werden, oder grundlegend neue Zielsetzungen und Nutzungsfelder heranziehen. Irritierende Zielpluralität erkennen, bewerten und vermeiden.

Teilschritt 2.2: Ausarbeiten des präzisierten Ist-Standes

Analysen und Recherchen sollen die Informationen zum Ist-Stand wie folgt vertiefen:

- Informationen zum aktuellen Arbeitsstand zusammenstellen.

- Das Bekannte, die Erfahrungen, Vorbilder zum System, zu angrenzenden und analogen Systemen, zum übergeordneten System ermitteln und bzgl. wirtschaftlicher, technischer, physikalischer, chemischer, biologischer, wissenschaftlicher und personeller Aspekte analysieren.

- Bei der Analyse die Systemmerkmale vertiefend und präzisierend ermitteln, wie Verhalten, Funktion, Funktionswertfluss bzw. Verfahren, System-Struktur (Elemente, Kopplungen, Anordnungen), Zustand des Systems. Eigenschaften des Systems für Stoff-, Energie- und Informationsfluss erarbeiten und z.B. bzgl. der funktionellen Parameter sowie der Parameter oder Kenngrößen für Form und Gestalt, Maß, Stoff, Raum, Feld, Zeit strukturieren [13, 14, 25].

- Wissen weiter vertiefen, fehlende Informationen für den Lösungsprozess aufdecken und als Defekte erfassen.

Arbeitsschritt 3: Analysieren und Strukturieren des Problems, des Problemkerns und des Hauptwiderspruchs.

Eine vertiefende Analyse des zu lösenden Problems, des betrachteten Systems, der Systemumgebung und der Widersprüche und anderer Defekte schafft wichtige Voraussetzungen für das Zerlegen in überschaubare, lösbare „Teile" und für Anregungen zu Lösungsrichtungen. Durch geeignete Konzentration und Abstraktion kann das Wesen des Problems, des Problemkerns, der Widersprüche und sonstiger Defekte als Ausgangspunkt für die Suchfrage konzentriert, einfach und verständlich formuliert und auf der geeigneten Abstraktionsstufe herausgearbeitet werden. Folgende Teil-Schritte sind dafür typisch:

- Problem auf aktuellem Stand strukturieren durch Konfrontation zwischen Zielsetzung und Ist-Stand.

- Problemanalyse und Problemzerlegung durchführen.

- Technisch-naturgesetzliche Ursachen, Wirkungen und Zusammenhänge, z.B. das „physikalische Geschehen", ermitteln.

- Dialektische Widersprüche, widersprüchliche Anforderungen und Parameter, Gegensatzpaare, nützliche und störende Wirkungen, Schwachstellen und Stärken identifizieren bezogen auf Strukturelemente und Verknüpfungen sowie Parameter des Systems.

- Widersprüche beschreiben, eventuell in verschiedenen Abstraktionsstufen. Dabei vereinfacht, aber prägnant formulieren, z.B. durch paradoxe Formulierung, durch Konzentration auf relevante Wirkzusammenhänge und die unerwünschten Wirkungen, durch das Weglassen des Unwesentlichen, durch Verfremdung und Verzicht auf Fachtermini.

- Problem und Problemkern lösungsgerecht als Aufgabenstellung für die Entwicklungs-Stufe formulieren.

7.2. Die Durchführung der Lösungsfindung

Die Durchführung der Lösungsfindung ist der zentrale kreative Abschnitt des Problem-Lösungs-Prozesses. Für die Lösungsfindung sind drei Arbeitsschritte geeignet:

- Das Erarbeiten der Suchfrage.

- Das unmittelbare Generieren von innovativen Lösungs-Ideen.

- Das Erkennen und Priorisieren der besten Problem-Lösungs-Variante.

Arbeitsschritt 4: Suchfrage und Lösungsvarianten ermitteln.

Teilschritt 4.1: Erarbeiten der Suchfrage

Die Suchfrage ist so zu bestimmen und zu formulieren, dass sie eine Lösungsrichtung mit einem Lösungsfeld erfasst, mit dem eine potenziell hohe Erfolgswahrscheinlichkeit erreicht wird, um nah oder total an das Lösungsideal mit attraktivem Neuheits- und Erfüllungsgrad zu kommen. Folgende Teilschritte sind typisch:

- Lösungs- und widerspruchsrelevante Schwerpunkte des Systems aus Arbeitsschritt 3 ableiten bzw. identifizieren, z.B. bzgl. der Teilfunktionen, Teilsysteme, Wirkpaare, Störgrößen, Parameter, Eigenschaften, Anforderungen, Restriktionen.

- Hauptwiderspruch, kritische Effekte, Hindernisse schrittweise abstrakt oder konkret formulieren.

- Lösungsrichtung, Lösungsorientierung, „ideale Lösung" im Sinne des idealen Endergebnisses oder eine Vision abheben, generieren.

- Suchfrage als Soll-Satz einfach, mit hinreichend abstrahierten Zieldaten formulieren. Eventuell *Verfremdung* der Fachtermine zur Erweiterung des Blickfeldes und zur Überwindung von Denkbarrieren.

- Zieldaten der Suchfrage schrittweise variieren, wenn Suchfrage oder Suchrichtung nicht ergiebig war bzw. der Such-Raum zu eng oder zu weit ist.

Teilschritt 4.2: Ermitteln innovativer Lösungs-Varianten, -Ideen und -Konzepte

Bei der Lösungsfindung, vor allem in der Prinzip-Phase, geht es zuerst und besonders um das Finden von kreativen Ideen, Grundprinzipien für Effekte, Realisierungsvarianten, Konzepte, die zu einer Lösung entwickelt werden können. Man soll sich nicht mit der ersten besten Problemlösungsidee zufrieden geben, sondern es wird angestrebt, weitere alternative Lösungen zu finden, die zur Lösung des Widerspruchs geeignet erscheinen. Damit kann die Wahrscheinlichkeit steigen, in die Nähe des idealen Endresultates zu kommen, um überraschend neue, einmalige, noch nie dagewesene Lösungen zu finden.

Der *unmittelbare Lösungsschritt* kann auf verschiedenen Wegen gemäß den Fällen 1 bis 3 im Abschnitt 6.2 am wirksamsten in einer Symbiose der Wege und Fälle, vollzogen werden durch – vgl. auch [49, S. 165-168]:

- Systematisches, kreatives Generieren mit den ca. 40 Prinzipien zur Lösung technischer Probleme oder Widersprüche, der Matrix zur Suche geeigneter Prinzipe und der gesammelten häufig genutzten Prinzip-Lösungen von Altschuller [2].

- Systematisches, kreatives Generieren mit „Stoff-Feld-Analysen" nach Altschuller.

- Systematisches, kreatives Generieren mit den hierarchisch geordneten innovativen Prinzipien von Zobel [56, 57, 58].

- Systematische, kreative Suche von Prinzipien mit Katalogen oder Datenbanken, z.B. für naturgesetzliche Effekte [46], typische Lösungsprinzipe der Technik [43, 44, 45] und für nicht-technische Bereiche [38, 55].

- Nutzung der Separationsprinzipien von Zobel und Altschuller durch Aufspalten, Abspalten, Zerlegen von Raum, Zeit, innerhalb des Objekte, des Umfeldes und der Bedingungen und Zustände.

- Kreative Nutzung von Analogien als Ausgangsbasis oder Anregung für neue Lösungen.

- Systematische Identifikation bekannter oder analoger Lösungen als Ausgangspunkt für das Generieren innovativer Lösungen.

- Systematische, kreative Variation mit den Variationsprinzipien (siehe Abschnitt 6.2, Fall 2) und Kombination der Strukturkomponenten, Wirkungsweisen, Parameter von Lösungsprinzipien zu neuen innovativen Lösungen (diskursiv oder intuitiv) [16, 22].

- Kreatives Generieren mit Intuition, z.B. durch Inspiration, Phantasie, „Spinnen", „Geistesblitz", Eingebung, Assoziationen, Gedankenexperimente, Reflexionen, die „Provokation", das Quer-Denken, den Wechsel von Konzentration und Entspannung, das Nutzen von Pausen und Neugier, das Einnehmen anderer Perspektiven und Blickwinkel, das Zulassen des Irrtums und das Gewinnen von neuen Erkenntnissen aus dem Irrtum.

Intuition ist für das kreative Generieren in Verbindung mit der methodisch-systematischen Denk- und Arbeitsweise ein sehr häufiger und wichtiger Bestandteil. Die kreative, methodisch-systematische Vorgehensweise führt zu dem Arbeitsstand bzw. Punkt im Problem-Lösungs-Prozess, von dem aus das schöpferische, kreative Generieren der Ideen und Konzepte in der Symbiose von diskursiven Methoden und einer „gelenkten" Intuition erfolgreich erfolgen kann. Die Intuition und die mit ihr verbundene Kreativität sollte hier für den Fall 1 der Lösungsfindung (definierte Suchfrage) in ihrer Wirkung für die Innovation nicht unterschätzt werden (siehe hierzu Abschnitt 6.2, Fall 1). Mit ihr wird dem Denken freier Lauf gelassen, der den schöpferischen Geist des Bearbeiters oder des Bearbeiter-Teams wecken kann und soll. Die vielfältigen Dialogmethoden (Bild 22) können die Intuition unterstützen. Sie allein genügen den Erfordernissen in der Regel nicht.

Neben dem methodisch-systematischen und intuitiven Generieren von noch nie dagewesenen Lösungen nach Fall 1 findet die

Lösungsfindung für komplexe Problemstellungen ausgehend von bekannten oder analogen Lösungs-Prinzipien für die Entwicklung technischer Systeme in der Praxis sehr häufig Anwendung.

Folgende Schritte sind in Abhängigkeit von der Ausgangssituation in diesem Fall zielführend und typisch:

- Bekannte, analoge Lösungen suchen, die Ausgangspunkt für neue Lösungen sein können.

- Die gefundenen Lösungen, ausgehend vom Konkreten, schrittweise abstrahieren, bis Ansätze für geeignete Lösungsprinzipien als Verfahrens-, Funktions- oder Gebildeprinzip gefunden werden.

- Prüfen, ob durch eine Struktur-Variation der gefundenen Prinzip-Lösungen mit den Variationsprinzipien neue Lösungs-Prinzipien generiert werden können, die sich durch Konkretisieren zur Problemlösung entwickeln lassen (siehe Variations-Methode im Abschnitt 6.2, Fall 2).

- Prüfen, ob ausgehend von den gefundenen Lösungsprinzipien durch das Suchen von Lösungsvarianten oder Ideen für ihre Strukturelemente, Kopplungen, Anordnungen und ihre anschließende Kombination in einer Kombinationsmatrix zu Gesamtlösungen neue, innovative Problem-Lösungs-Varianten generiert werden können (Kombinations-Methode im Abschnitt 6.2, Fall 2).

- Erfolg der Lösungsfindung prüfen. Bei unzureichendem Ergebnis variieren der Suchfrage in Arbeitsschritt 4.1, alternative Lösungsansätze suchen oder eventuelle Möglichkeiten für Umgehungsaufgabe nutzen.

Für diese Wege sind die heuristischen Methoden *Suchen, Identifizieren, Variieren, Zielbaum, Kombinieren, Feldforschung, Analogiebildung, Analyse* und *Abstrahieren* in einer problemspezifischen

Verknüpfung geeignet (siehe Bild 22 und die Methodendarstellung in [49]).

Teilschritt 4.3: Erkennen der Erfolgschancen für die Lösungsideen

Bei der Lösungsfindung mit einer großen Variantenvielfalt sollte ein weiterer Schritt zum vorausschauenden Erkennen aussichtsreicher und weniger aussichtsreicher Alternativen angestrebt werden. Damit soll, wenn nötig, eine erste grobe Ideen-Gruppierung nach Erfolgsaussichten gefunden werden, um eine Konzentration auf aussichtreiche, attraktive Ideen zu ermöglichen. Dafür sind vorausschauende, lösungskonkretisierende *kreative Vorstellungen* und das Präzisieren der Ideen sowie das Erkennen von Chancen, Effekten, Barrieren bzgl. Neuheit, Nutzeffekten, Machbarkeit und Umsetzung notwendig. Perfektion ist hier nicht anzustreben. Dieser Schritt folgt weniger dem üblichen Bewerten, das in den konkreteren Entwicklungsstufen notwendig ist. Es ist mehr ein vorausschauendes Denken durch Abschätzen mit Gedankenexperimenten, Vorstellungskraft, Erfahrung und Intuition.

Zu empfehlen ist:

- Separieren der funktionswichtigen Teilsysteme, Anforderungen und Restriktionen.

- Generieren von Vorstellungen, wie die Idee bei einer weiteren Konkretisierung gestaltet werden und wie gut sie den Zweck, den gewünschten Nutzen, den idealen Endzustand erfüllen könnte.

- Abschätzen, ob die Anforderungen, Restriktionen erfüllbar sein können, und Priorisieren der Ideen.

Hierzu gelten auch die Ausführungen zur Varianteneinschränkung im Abschnitt 6.4.

7.3. Die Nachbereitung der Lösungsfindung

Durch die Nachbereitung soll die günstigste Lösung in vier Arbeitsschritten gefunden, gestaltet, detailliert und ausgearbeitet werden.

Arbeitsschritt 5: Kritische Analyse und Prüfung der aussichtsreichsten Lösungsvarianten

Mit einer fehlerkritischen Analyse der Systemlösungen sollen die priorisierten Lösungen bezogen auf die Zielsetzung und das Anforderungsprofil untersucht werden. Diese Untersuchung soll ausgerichtet sein auf das Erkennen noch bestehender Defekte (Widersprüche, Unverträglichkeiten, Schwächen, Störungen, Mängel, Unvollständigkeit), Stärken und eventuell auch schon auf mögliche Risiken und Chancen. Für die erkannten Defekte sind die Konsequenzen, Maßnahmen zur Beseitigung und Teil-Aufgabenstellungen zur Verbesserung bzw. Weiterentwicklung abzuleiten. Überschlagsrechnungen, einfache Modelle oder Experimente sind im quantitativen Bereich hilfreich und oft notwendig.

Folgende Teilschritte sind typisch:

- Defekte ermitteln und mögliches Verhalten, die Struktur, die Eigenschaften und Grenzwerte der Systemlösung untersuchen. Inhaltliche Entsprechung des Ergebnisses prüfen.

- Schwach- und Starkstellen, Fehler, unzulässige Abweichungen, Unvollständigkeiten und eventuell neue Probleme und Widersprüche ableiten und einschätzen. Merkmale für die Bewertung herausarbeiten.

- Prüfen, ob die Lösung in das Gesamtsystem und das übergeordnete System passt und welche Änderungen zur Harmonisierung erforderlich sind.

- Teil-Aufgabenstellungen für die Verbesserung erfolgversprechender Varianten ausarbeiten und weiteres Vorgehen festlegen.

Arbeitsschritt 6: Verbessern und Weiterentwickeln der Lösungsvarianten durch Defektreduktion und Detaillieren

Das Verbessern der Lösungsalternativen kann erfolgen durch die bekannten Struktur-Variationsprinzipien. Das sind, wie schon oben ausgeführt, z.B. das schrittweise Zerlegen, Umkehren, Umwandeln, Ändern, Optimieren, Austauschen, Hinzufügen, Weglassen, Beseitigen, Umkehren, Trennen oder Zusammenfügen der betreffenden Systemmerkmale. Für technische Systeme bezieht sich das z.B. auf die Strukturkomponenten (Teilfunktionen, Elemente), Kopplungen, Anordnungen, Parameter und auf die geforderten, unerwünschten, gewünschten sowie die unzulässigen Eigenschaften und Wirkungen. Hierfür gelten wiederum die Wege zur Lösungsfindung, vor allem die Variationsmethode nach Abschnitt 6.2, Fall 2.

Arbeitsschritt 7: Bewerten der Lösungsvarianten, Auswahl und Entscheidung für die beste(n) Lösungsalternative(n).

Es wird durch das Bewerten, Priorisieren und Entscheiden angestrebt, geeignete Lösungsalternativen in der Prinzip-Phase frühzeitig zu erkennen,

- um den sprunghaft zunehmenden Bearbeitungsaufwand in den folgenden Stufen, z.B. für den Entwurf oder die Detailgestaltung, zu beherrschen

- und in der Gestaltungsphase eine fundierte Entscheidung für die beste Variante zu treffen.

In diesen Bewertungsprozessen werden durch die Systematik oft neue Erkenntnisse, Probleme, Schwachstellen, Details sowie ergänzende und detailliertere Anforderungen sichtbar. Damit wird der Bewertungsprozess deutlich konkreter und trägt auch hier zur Weiterentwicklung bei.

Folgende Teilschritte sind typisch [39]:

- Bewertungsverfahren auswählen.

- Alternativen vergleichbar darstellen.

- Bewertungskriterien aus der Zielsetzung und dem Anforderungsprofil ableiten.

- Einzelne Werturteile für die Alternativen bzgl. der Kriterien bilden.

- Zusammenfassen der einzelnen Werturteile zu Gesamturteilen der Alternativen.

- Vorschlag für die priorisierte Alternative und Entscheidung.

Arbeitsschritt 8: Ausarbeiten der gewählten Lösung durch Detaillieren und fachgerechtes Darstellen.

Die detaillierte, klare, eindeutige und verständliche Darstellung des Ergebnisses der jeweiligen Phasen, Entwicklungsstufen, Arbeitsschritte im Problem-Lösungs-Prozess bzw. den folgenden Stufen des Innovationsprozesses kann mit folgenden Teilschritten erreicht werden:

- Detaillieren der priorisierten Lösung, fachgerecht und hinreichend vollständig, wenn das angestrebte Endergebnis erreicht ist.

- Ergebnis der Entwicklungsstufe in geeigneter Weise hinreichend fachlich korrekt, detailliert und vollständig für den Folgeprozess beschreiben.

- Prüfen, für welchen Zweck die Lösung in anderen Bereichen, Situationen oder Aufgaben zur Nachnutzung oder Wiederverwendung geeignet sein könnte, z.B. mit der Einsatzanalyse.

- Fachlichen und methodischen Informationsgewinn abheben und speichern.

Fazit: Der Problem-Lösungs-Prozess lässt sich bei geeigneter Abstraktion unabhängig von den Phasen, Entwicklungsstufen und der Komplexität der zu lösenden Probleme allgemeingültig und quasi modular abbilden, ähnlich wie in der Natur, Mathematik, Systemwissenschaft u.a.,

- sowohl durch wenige, immer wiederkehrende, invariante Arbeitsschritte

- als auch durch wenige grundlegende heuristische Methodenbausteine, wie z.B. in Bild 22.

Damit kann die sehr große, fast unübersichtliche Vielfalt, die wir in der Literatur finden, auf wenige, überschaubare und gut einprägsame Bausteine vereinfacht werden. Die flexible, schöpferische, problemspezifische Anwendung dieser Bausteine erfordert allerdings eine fundierte methodische Kompetenz. Sie erfordert u.a. das Kennen und Verstehen der methodischen Grundlagen des Problem-Bearbeitungs-Prozesses sowie Anwendungserfahrung aus der Bearbeitung konkreter Problemlösungsfälle, z.B. unterstützt durch geeignete Übungs- und Trainingsmaßnahmen.

Literatur

[1] Robert Adunka: Begleitmaterialien zum TRIZ-Basiskurs und TRIZ-Aufbaukurs. https://www.triz-consulting.de

[2] Genrich S. Altschuller: Erfinden – Wege zur Lösung technischer Probleme. Verlag Technik, Berlin 1984; 2. Auflage 1986.

[3] Wolfgang Beitz: Systematik in der Konstruktion. DIN-Mitteilungen 49 (1970) 8, S. 295-302.

[4] Klaus-Henning Busch, Werner Preisler: Lösungsermittlung wissenschaftlich-technischer Problemstellungen. Lehrbrief 11 in der Reihe [25].

[5] Klaus-Henning Busch: Handbuch – Innovationen erfolgreich realisieren. Erfinden lernen – lernend erfinden. Trafo Verlag, Berlin 2003.

[6] DABEI (Deutsche Aktionsgemeinschaft Bildung – Erfindung – Innovation e.V. Hrsg.): DABEI-Handbuch für Erfinder und Unternehmer. VDI, Düsseldorf 1987.

[7] Elke Hartmann-Wolf: Die Kunst des Denkens. So schalten Sie Ihr Genie ein. FOCUS 20/2017.

[8] Matthias W.M. Heister: *Bildung, Erfindung, Innovation*, Band 2. Expertenwissen für Erfinder und Unternehmer. Verlag Iduso, Bonn 2013.

[9] Matthias W. M. Heister: Bildung, Erfindung, Innovation. In [8].

[10] H. Goldhahn: Beitrag zur Verallgemeinerung wirkpaartechnischer Zusammenhänge. TU Dresden, Diss. B 1978.

[11] Michael Herrlich, Gerhard Zadek: KDT Erfinderschule. Lehrmaterial in 2 Teilen. KDT-Eigenverlag, Berlin 1982, 3. Auflage 1987.

[12] Michael Herrlich, Peter Koch: Entstehung und Entwicklung von Erfinderschulen. `www.problemloesendekreativitaet.de`, Historie-Beitrag Nr. 10.

[13] Volker Heyse, Jürgen Bausdorf (Hrsg.): Grundlagen des wissenschaftlich-technischen Schöpfertums in Forschung und Entwicklung. Bauakademie. CZJ Lehrbriefreihen, 3. Auflage, Jena/Berlin 1986. 17 Hefte, besonders die Hefte 5,6,11 und 12.

[14] Volker Heyse, Jürgen Bausdorf, Klaus-Henning Busch, Peter Koch, Werner Preisler: Schriften zur Kreativitätsförderung in Forschung und Entwicklung. Bauakademie, Trainingszentrum für wissenschaftlich-technische Kreativität, Berlin 1987.

[15] Volker Heyse, Klaus-Henning Busch, Peter Koch: Begleitmaterial als Chart-Sammlung zum ctc-Kreativitäts-Training „Systematisches und kreatives Problembearbeiten". Bauakademie der DDR, Berlin 1987.

[16] Günther Höhne, Peter Koch: Anwendung der Variationsmethode beim Konstruieren. Maschinenbautechnik, Berlin 25 (1976) 4, S. 183-186.

[17] Vladimir Hubka: Theorie technischer Systeme. Springer, Berlin 1984, 2. Auflage.

[18] Vladimir Hubka: Einführung in die Konstruktionswissenschaft. Springer, Berlin 1992.

[19] Fritz Kesselring: Technische Kompositionslehre. Springer, Berlin 1954.

[20] Fritz Kesselring: Iteratives Vorgehen beim Konstruieren. VDI-Richtlinie 2222: Methodik zum Lösen von Konstruktionsaufgaben. VDI, 1972.

[21] Peter Koch: Der Konstruktionsprozess und das Analysieren der Aufgabenstellung und technischer Systeme. Konstruktionstechnik, 1. Lehrbrief. Verlag Technik, Berlin 1974.

[22] Peter Koch: Lösungsfindung in der Prinzip-Phase. Konstruktionstechnik, 2. Lehrbrief. Verlag Technik, Berlin 1974.

[23] Peter Koch (Hrsg.): Rationelles Konstruieren – Grundstruktur eines allgemeinen Konstruktionsverfahrens. Technik 33 (1978) H 1, 17-22.

[24] Peter Koch. Rationalisierung der Konstruktion – Grundlagen der methodisch-systematischen Arbeitsweise. TU Dresden, Diss. B 1980.

[25] Peter Koch: Methodisch-systematische Arbeitsweise bei der Problemlösung in F/E. Lehrbrief 5 in der Lehrbriefreihe *Grundlagen des wissenschaftlich-technischen Schöpfertums in F/E-Prozessen*. Herausgegeben von der Bauakademie der DDR und Carl Zeiss Jena 1983. (Hrsg. Volker Heyse, Jürgen Bausdorf)

[26] Peter Koch: Ausarbeiten und Präzisieren von Aufgabenstellungen. Lehrbrief 6 in der Reihe [25].

[27] Peter Koch: Zur Entwicklung erfinderischer Aufgabenstellungen durch die Nutzung der Widerspruchsanalyse bei der Pro-

blemerkennung und -Präzisierung. Maschinenbautechnik, Berlin 37 (1988) 8, 340-343.

[28] Peter Koch: Entwicklung der Konstruktionswissenschaften von 1950 bis 1990. `www.problemloesendekreativitaet.de`, Historie-Beitrag Nr. 9

[29] Karl Koltze, Valeri Souchkov: Systematische Innovation. Hanser Verlag, 2. Auflage 2017.

[30] Hansjürgen Linde, Bernd Hill: Erfolgreich erfinden. Widerspruchsorientierte Innovationsstrategie für Entwickler und Konstrukteure. Hoppenstedt, Darmstadt 1993.

[31] MAKON: Grundlegende Bemerkungen und Arbeiten zum konstruktiven Entwicklungs-Prozess. Mehrere Dissertationen „Systematisches und kreatives Konstrurieren", z.B. G. Höhne, Betreuer F. Hansen. TH Ilmenau 1970-1972.

[32] Gerlinde Mehlhorn, Hans-Georg Mehlhorn: Heureka. Methoden des Erfindens. Neues Leben, Berlin 1981.

[33] Johannes Müller, Peter Koch (Hrsg.): Programmbibliothek zur Systematischen Heuristik für Naturwissenschaftler uund Ingenieure. 3. Auflage. ZIS Halle Nr. 97; 98; 99: Halle/Saale 1973

[34] Johannes Müller: Arbeitsmethoden der Technikwissenschaften. Systematik, Heuristik, Kreativität. Springer, Berlin 1990.

[35] Michael Müller: Ideenfindung, Problemlösen, Innovation. Das Entwickeln und Optimieren von Produkten, Systemen und Strategien. publicis, Erlangen 2011.

[36] Michael A. Orloff: Grundlagen der klassischen TRIZ. Springer, Berlin 2006.

[37] Gerhard Pahl, Wolfgang Beitz: Konstruktionslehre. Springer, Berlin 1986, 2. Auflage.

[38] P. Pietsch (Hrsg): TRIZ. Anwendung und Weiterentwicklung in nicht-technischen Bereichen. Wien: Facultas, 2007.

[39] Werner Preisler, H.-B. Böttger: Bewerten von Lösungsvorschlägen. Lehrbrief 12 in der Reihe [25].

[40] Wikipedia-Beitrag *Problemlösende Kreativität* und `http://www.problemlösendekreativität.de`, Beitrag *PBP Problembearbeitung*.

[41] Hans-Joachim Rindfleisch, Rainer Thiel: Programm zur Herausarbeitung von Erfindungsaufgaben und Lösungsansätzen in der Technik. In: Baustein KDT-Erfinderschulen. Lehrbrief, Berlin 1989.

[42] Hans-Jochen Rindfleisch, Rainer Thiel: Erfinderschulen in der DDR. Trafo-Verlag, Berlin 1994.

[43] Wolf Georg Rodenacker: Physikalisch orientierte Konstruktionsweise. Konstruktion 18 (1966) 7, S. 263-269.

[44] Wolf Georg Rodenacker: Methodisches Konstruieren – Grundlagen, Methodik, praktische Beispiele. Springer, 3. Auflage 1984.

[45] Karlheinz Roth: Konstruieren mit Katalogen. Springer, Berlin 1971.

[46] G. Rüdrich: Nutzung von naturgesetzmäßigen Effekten und Wirkprinzipien zur kreativen Bearbeitung von wissenschaftlich-technischen Problemen. Schriften zur Kreativität in F/E des Trainingszentrums für wissenschaftlich-technische Kreativität bei der Bauakademie der DDR. Berlin 1988.

[47] Helmut Schlicksupp: Innovation, Kreativität und Ideenfindung. Vogel Verlag, Würzburg, 6. Auflage 2006.

[48] Klaus Stanke: Analyseprinzipe, Analysen bei technischen Entwürfen und Empfehlungen für die Analysepraxis. Budapest: ICDE-Konferenz; Zürich: WDK 1998.

[49] Klaus Stanke: Handlungsorientierte Kreativitätstechniken. Für Junge, Einsteiger und Profis mit BONSAI-System der Kreativitätstechniken. Trafo Verlag, Berlin 2011.

[50] Klaus Stanke, Peter Koch: 50 Jahre Systematische Heuristik. Rohrbacher Manuskripte, Heft 23. LIFIS – Leibniz-Institut für Interdisziplinäre Studien, Berlin 2021.

[51] VDI-Richtlinie 2221. Methodik zum Entwickeln und Konstruieren technischer Systeme und Produkte. VDI-Verlag, Düsseldorf 1993.

[52] VDI-Richtlinie 4521. Erfinderisches Problemlösen mit TRIZ. Blatt 1–3. VDI-Verlag, Düsseldorf 2016 und 2021.

[53] Dietmar Zobel: Erfinderpraxis – Ideenvielfalt durch systematisches Erfinden. Lehrbrief der KdT, Berlin 1989. Deutscher Verlag der Wissenschaft, Berlin 1991;

[54] Dietmar Zobel: Kreativität braucht ein System. Die Altschuller-Methode und die Prinzipien zum Lösen techni-

scher Widersprüche. In: Wissenschaftsmanagement 7 (2001), H 2, S. 16-23.

[55] Dietmar Zobel: Widerspruchssituationen und das Wirken der Lösungsprinzipien im nicht-technischen Bereich. In: `triz-online-magazin.de`, Ausgabe 2/2003.

[56] Dietmar Zobel: TRIZ für alle. Der systematische Weg zum Problemlösen. Expert Verlag, Renningen 2007.

[57] Dietmar Zobel: Systematisches Erfinden. Methoden und Beispiele für den Praktiker. Expert Verlag, Renningen 2009.

[58] Dietmar Zobel, Rainer Hartmann: Erfindungsmuster. TRIZ – Prinzipien, Analogien, Ordnungskriterien, Beispiele. Expert Verlag, Renningen 2009, zweite Auflage 2016.

Literatur